1岁宝宝的关键教养

1岁，安全感建立关键期

侯魏魏 著

北京理工大学出版社
BEIJING INSTITUTE OF TECHNOLOGY PRESS

图书在版编目（CIP）数据

1岁宝宝的关键教养：1岁，安全感建立关键期 / 侯魏魏著. —北京：北京理工大学出版社，2020.8

ISBN 978-7-5682-8539-1

Ⅰ.①1… Ⅱ.①侯… Ⅲ.①婴儿心理学 Ⅳ.①B844.11

中国版本图书馆CIP数据核字（2020）第094962号

出版发行 / 北京理工大学出版社有限责任公司
社　　址 / 北京市海淀区中关村南大街 5 号
邮　　编 / 100081
电　　话 / （010）68914775（总编室）
（010）82562903（教材售后服务热线）
（010）68948351（其他图书服务热线）
网　　址 / http: //www.bitpress.com.cn
经　　销 / 全国各地新华书店
印　　刷 / 三河市金元印装有限公司
开　　本 / 700 毫米 × 1000 毫米　1/16
印　　张 / 15.5
字　　数 / 198千字
版　　次 / 2020 年 8 月第 1 版　2020 年 8 月第 1 次印刷
定　　价 / 39.80元

责任编辑 / 宋成成
文案编辑 / 史添翼
责任校对 / 刘亚男
责任印制 / 施胜娟

综述

“天使与人”——1岁的孩子是天使，也是人

对1岁宝宝用小天使来形容一点儿也不过分，一个可爱小生命的降临，给家庭带来了无限的欣喜，成了家中的至宝。可是，同时他也一个难以“琢磨”的人。有的时候，他比较好侍弄，给他吃上奶或换上干爽的尿片，他就满足了，要么呼呼大睡，要么玩耍上半天，可爱极了。有的时候，他又是那样的不可理喻，这样侍候也不行，那样照顾还是哭闹，好像是故意在同爸爸妈妈作对，弄得你身心疲惫，然而他还是不满意。

刚出生的小宝宝，还比较好对付，只要让他吃饱，及时换上尿片，他就心满意足了，这个时候，睡觉是压倒一切的任务，即使爸爸妈妈有些照顾不周，他也不太计较。一是来不及计较，瞌睡虫逼着他赶快闭上眼睛；二是他的需求也不大，提不出什么额外的要求。这时，爸爸妈妈感到苦累的是要勤洗尿布，频频地喂他吃奶，基本上没有整块的休息时间。总的来说，快乐还是占主流的。当宝宝睡着后，那粉嘟嘟的小脸任你亲吻，甚至轻轻掐一下也没有关系，他在睡梦中还能咧开小嘴笑一下，仿佛做了香甜的美梦。

宝宝到了3～4个月时，出落得更加可爱，眉眼已经长开，大眼睛也有

神了。只要醒来，就喜欢和爸爸妈妈用眼神交流，愿意待在爸爸妈妈的怀里享受亲子甜蜜的时光。同时，宝宝的脾气也见长了，不再满足吃吃喝喝，他追求更多的享受了。在还不能开口提要求时，就用哭声来提出要开饭、我尿湿了、我还不想睡觉、我要到外面看风景。如果是粗心的爸爸妈妈，就难以猜中宝宝的这些不同需求，更谈不到及时呼应和满足了，宝宝自然会大发脾气，用更大、更不耐烦的哭叫来表示自己的愤怒和抗议。这对爸爸妈妈来说可是一个严峻的考验，他的哭声包含着太多的信息，爸爸妈妈如果不能及时“破译”，猜透他的小心思，他就会“不依不饶”。

到4～5个月时，当宝宝看到小火车钻山洞时，就会惊奇地盯着山洞入口：咦，火车没了？他没有想到往山洞里看一看，对他来说，藏起来的物体就等于不存在。5个月后，他就能发现“躲在后面”的东西了，明白消失的东西并不等于没有了。大约6个月的时候，宝宝的视觉可以调焦距了，他们的视力越好，就越能准确地区分周围人的不同。他们已经能从几米远处认出爸爸妈妈，此时他也能判断出谁是让他害怕的陌生人。

当宝宝能爬会走时，随着各种能力的快速发展，不仅需要爸爸妈妈帮助解决温饱问题，精神层面的需求也与日俱增。他已经朦胧地知道自己是谁，对这个世界有了基本的了解，外界的太多诱惑令宝宝不再满足做爸爸妈妈的小可爱，而是要自己探究这个世界，自己开创一片新天地。

从宝宝嗷嗷待哺，到他能走向这个世界，宝宝第一年的变化之快，犹如过山车般不可思议，几乎每一天他都能增长一项本领。作为爸爸妈妈，是否跟得上宝宝飞速发展的“步伐”是很关键的。这就要爸爸妈妈在平时的生活中对宝宝多观察，与他多交流，及时了解宝宝不同时期的不同要求，并予以及时的满足。可以说，在宝宝的整个1岁时期，爸爸妈妈必须能看懂宝宝的心，这是做爸爸妈妈的第一年里的必修课程，否则，就难以成为一个合格的爸爸妈妈。最关键的是，宝宝在这一年里，如果他的需求不能及时得到满足，对他的身心发展都有极大的负面影响。

1岁的宝宝很少提出额外的要求，他们比较容易满足。不要把宝宝的人生第一年看得过于轻松，除了要照料好他们的生理需求外，在生活中，爸爸妈妈也需要在心理和行为上予以积极的引导。因为宝宝的各方面发展都处在齐头并进的萌芽阶段，就像春天里绽放的各色小花儿，每一个都需要予以及时的阳光普照和雨露的滋润，偏废或忽略某一个方面是不行的，会造成不可挽回的缺憾。

目 录
Contents

CHAPTER 01 开放的内心——1岁幼儿的心理关键点

生命从无到有，意味着一切可能。1岁的幼儿从出生的一如“白纸”到渐渐能够听懂大人们说什么，小小的他或哭、或笑、或怡然自得、或拉着妈妈的衣角不放手，心里到底想些什么呢？或许在这里，你能找到答案。

CHAPTER 02 宠溺与爱——和1岁幼儿的相处与沟通

宠溺与爱是父母给1岁幼儿最好的礼物，当然，这份礼物也能给幼儿和父母带来友好而积极的相处与沟通。1岁的小宝宝，还没有建立任何评价系统，所以就算爸爸妈妈再怎么宠溺他、爱他，也不必担心教坏他。相反，1岁的幼儿很需要这种无尽的宠溺与爱。

CHAPTER 03 自由与规律——1岁幼儿的生活

在宝宝1岁的时候，除非父母刻意去修正他们的生活作息，否则他们基本上还是习惯于胎宝宝时期的作息与习惯。困了就睡，饿了会要食物，需要温暖而洁净的环境，这是他们最稳定的生活常规。当然，不管你有多希望孩子成为一个优秀的人才，此时都还有时间，没有必要让孩子经受太多的训练。

CHAPTER 04 发现与引导——1岁幼儿的性格“萌芽”

1岁幼儿的小小身体里隐藏着各种可能，任何一个苗头都有可能成为他们日后的主要性格，关键是看父母如何发现与引导。1岁幼儿心理、思维、智力的发展尚未完善，但其中有些积极的品质已经崭露，成为最早性格教育的契机。父母应抓住这个契机，发现幼儿身上积极的方面，并及时引导。

CHAPTER 05 自然轻松的教与学——1岁应该进行的智力培养

1岁幼儿的智力培养不必刻意，但爸爸妈妈如能以幼儿思维的方式引导，比如在孩子高兴的时候，有意识地给孩子读儿歌或儿童喜爱的诗歌，利用有趣的声音、图画资料等，这些知识都将存在于幼儿的大脑，并刺激幼儿的思维发展，让幼儿变得更聪明。这就是所谓的早教，不过这样的早教并不需要刻意为之，“顺”幼儿思维之发展“辅助”之，效果最好。

CHAPTER 06 婴儿也“难缠”——1岁幼儿最令人头疼的教养难题

1岁的孩子似乎什么都听父母的，恣意地度过单纯而快乐的人生第一年，然而即使是如此单纯而简单的婴儿，还是会给父母出些令人头疼的教养难题。

CHAPTER 07 以感官为主的练习性游戏——1岁孩子玩的益智游戏

1岁幼儿的学习都是从游戏中获得的，游戏是他们的课堂，也是他们的生活。不过，1岁幼儿的思维特点决定了他们只对那些以感官为主的不断重复的练习性游戏产生兴趣，其他的游戏，即使非常有趣，他们还是没有兴趣。

CHAPTER 01

开放的内心——1岁幼儿的心理关键点

生命从无到有，意味着一切可能。1岁的幼儿从出生的一如“白纸”到渐渐能够听懂大人们说什么，小小的他或哭、或笑、或怡然自得、或拉着妈妈的衣角不放手，心里到底想些什么呢？或许在这里，你能找到答案。

强烈的依赖感

最美好的时光

在温暖的襁褓里睡眠，只能试着动动手脚，在刚刚出生的1～2个月里，想要凭借自己的力量抬抬头都不可能，这样一个粉嘟嘟的小家伙还能做什么呢？他只能依赖爱他的、给予他生命的爸爸妈妈和亲人们了。

对于刚刚升级为爸爸妈妈的人们来说，再也没有比1岁的小宝贝更招人喜爱的，他们像天使一般迷人，能够带给爸爸妈妈甜蜜的、不可言喻的快乐与美好。爸爸妈妈之所以如此喜爱1岁的小宝宝，除了对这小小的人充满了期待外，这小小的人对爸爸妈妈绝对的依赖可能也是他们受到喜爱的原因之一。

软软地躺在婴儿床上，冷了，由爸爸妈妈给穿衣服；饿时大哭，妈妈就会来喂奶；不舒服时哭，爸爸妈妈和其他亲人就会来寻找缘由，看看是否是尿布湿了，再或者是不是衣服穿得太紧了……至于宝宝自己穿粉色的衣服，还是蓝色的衣服，留长头发，还是剃了一个小光头，都没有关系。

1岁幼儿完全依赖着爸爸妈妈，无条件地相信爸爸妈妈会爱他们、保护他们，为他们消除一切不适感，这种情感一直延续到10个月以后。尽管小小的宝贝依然会依赖爸爸妈妈，但是却有了一些小的变化，比如10个月以后带他去理发，大多数的小家伙就会因害怕或者不适而拒绝这样的行为。

不过，尽管他们拒绝，如果爸爸妈妈强行让理发师给他们理发，他们也只能用大哭来反抗一下，并不能做出任何有效率的反抗行为，而只需要10分钟，他们可能就会忘记令自己痛苦的源头——爸爸妈妈，选择继续相信爸爸妈妈了。

生理依赖决定了精神依赖

马斯洛说人的需求像一个金字塔一样，最低的就是生理需求，然后依次是安全需求、归属与爱的需求、尊重需求和自我实现需求。1岁幼儿的需求还停留在生理、安全的生存需求层面上，而爸爸妈妈满足了他们，并给予了他们继续满足的信心，使得幼儿对爸爸妈妈产生了强烈的依赖。说到底是生理依赖决定了1岁幼儿的精神依赖。

1岁幼儿如此依赖爸爸妈妈当然不仅仅出于赤裸裸的生理需要，也是精神因素使然。当幼儿还是一颗在妈妈子宫中的胚胎时，他们接触的、熟悉的是有妈妈的环境，比如妈妈的心跳声、说话的声音和那种由血脉渗透的待人接物的态度。出生后，冰凉的空气第一次充满了肺，他们发出人生的第一次哭喊，同时隐藏在身体里的天生的恐惧基因也慢慢打开，而唯一能够平复他们恐惧的就是熟悉的事物，比如妈妈的心跳、语言，或者类似于妈妈的心跳的声音和语言，甚至能带给他们熟悉感觉的环境和人，都将成为他们依赖的对象。

1岁幼儿的依赖是全身心的依赖，他们的生理需要、安全需要都要通过这种依赖得以维系，因为求生是人类的本能。在依赖的过程中，这个小宝贝与爸爸妈妈建立了深厚的情感，产生了美妙的感受。

陪伴与宠溺

如何宠溺1岁幼儿都不过分，因为他们缺乏对世界、情感的认识，而且对这些问题的记忆力并不是很好。大部分1岁的幼儿不会故意捣乱，以求得宠溺或者陪伴，他们之所以会哭或者要求爸爸妈妈陪伴，多因环境孤单让他们产生了不适感，或者身体有了某种需求。所以除非是他们睡眠的时候，或者想要自己待一会儿的时候（有的1岁的小家伙醒来后，会独自玩耍，并不需要爸爸妈妈、亲人或保姆的陪伴），其他时间爸爸妈妈、亲人或保姆应多陪伴他们。

当他们哭闹的时候，在确认他们安全的同时，不必急急忙忙跑着去安抚他，但也不能任由他哭得撕心裂肺而不管。要告诉他爸爸妈妈在，让他听见你的声音，过一会儿再去看他，找寻他哭泣的原因，并帮他们解决问题。

当然，小婴儿的大部分时间都是睡着的，并不需要爸爸妈妈做很多准备。但是在他有需要的时候，请爸爸妈妈一定陪伴在他身边。曾经看到一个小婴儿，自己独自在婴儿床上大哭，直到她的爸爸爬进婴儿床。婴儿只是爬在爸爸身上，头放在爸爸的胸口，就安然地睡着了。当这位爸爸想趁着小家伙睡着后起身离开时（因为婴儿床对已经成年的爸爸来说实在是太小了，窝在这里实在不是什么舒服的事，尽管有可爱的女儿相伴），他小小的女儿就立刻惊醒并大哭。我们认为这个小婴儿的安全感已经几乎被毁灭殆尽，这可能与她出生前或者刚刚出生时没有建立起安全感有关，只有她最亲的人在身边，听着熟悉的呼吸和心跳声才能入睡。

在生活中，大部分1岁幼儿都不会出现这种情况，因为爸爸妈妈仅凭爱他的本能就会把他照顾得很好。然而，他们的安全感并不那么容易建立，1岁的小宝贝连生存都需要依靠他人，爸爸妈妈必须努力做到让他们相信：不会挨饿，不会不舒服，即使不舒服也会很快解决，不会有危险，他们才会健康地长大，而对爸爸妈妈强烈的依赖感也会渐渐变小。

心理与认知发展飞速

突飞猛进的第一年

刚出生的小婴儿，基本上是一个一天到晚只知道睡觉的小生命。他对周围发生的一切都漠不关心，除了用哭叫向照顾他的父母或亲人提出要求以外，很难有肢体动作的表达。大大的眼睛只能看到大约20厘米远的地方，他是无所畏惧的，即使他面前有一条吐着信子的毒蛇，也浑然不觉危险。他除了没有防御（躲闪）能力外，感知上也是比较弱的。

3～4个月后，躺在襁褓中的“小粉团”逐渐不安分起来，他开始不安于静静地躺卧在那里独享那份“自得”和“宁静”，而是要追寻妈妈的身影，希望参与到周围这个热闹又充满神秘的世界，想看新奇的色彩，听悦耳的声音。他笨拙地翻动着沉重的身体，目的就是要看看这个世界，听听这个世界。

当他长到1岁时，就会变成一个眼睛明亮、好奇心极强、浑身充满活力的小家伙，他们喜欢到处走来走去，并开始学着用单个单词与爸爸妈妈进行沟通，在道别时会说“拜拜”，小手还会配合地摆动。想要他的玩具熊时会说“熊熊”，也能把玩具扔出去。想要外出，伸手就去推门，不再依赖爸爸妈妈。

这时，爸爸妈妈就需要费些力气，操些心了。告别躺卧时代的小婴儿，如同获得了解放，他们想说、想看、想闻、想尝、想摸，他要动用一切感官去感知这个多姿多彩的世界。通过感知，他开始有心机，心智得到了飞速的发展。尽管他对父母给自己的装扮无可挑剔，却喜欢站在镜子前欣赏自己。他是在臭美吗？显然不是，此时他的审美意识还很淡薄。他是在镜子里认出了自己，知道镜子里的那个可爱的小人就是他本人，而不是像从前那样，跑到镜子后面去找同自己面对面玩耍的小朋友。

1岁，多么神奇啊，从一个对外界几乎毫无反应的“小粉团”，到翻滚爬动的“小东西”，再到满地乱跑的精灵古怪的可爱小人，仅仅用了一年的时间。他的变化之快，令没有经验的爸爸妈妈既欣慰又是那么的力不从心，因为孩子变化得太快，而照顾孩子的爸爸妈妈反应又总是慢了半拍。

宝宝的心理和认知的巨大变化

当宝宝冲你微笑时，父母心里的那种幸福感油然而生，而宝宝也会被爸爸妈妈的亲切问候所触动，否则他们就不会用微笑来作为感情的回报。这说明宝宝的心理和认知，如感觉、知觉、注意、想象、思维、情绪等都在发展。不要以为几个月的小宝宝对于你的感情付出是无动于衷的，其实，宝宝一出生就已经具备各种感觉了，只是他的这些感觉还处于初级阶段，随着大脑机能的不断发展，并在丰富的环境刺激影响下，宝宝的各种感觉会迅速发展起来。

在婴儿的所有感觉器官中，眼睛是最活跃、最主动、最重要的感官。对新生儿来说，除了睡眠时间，他们都在积极地运用眼睛察看周围的环境，收集信息。但世界在他的眼里，只有两个空间：够得着的和够不着的。凡是小胳膊碰不到的地方都很模糊，而近处的东西，大约是20~30厘米的距离，他可以看得清楚些。2～3个月的婴儿，视觉已经比较集中而灵活，能够对人脸或彩色画像长时间地集中注视和微笑，他们喜欢和爸爸妈妈对视，仿佛只有注视才能使外界与他的小世界建立起联系。等到婴儿6个月时，他的视觉功能在许多方面已接近成人，他们能够注视距离较远的物体，如天上的飞机、月亮、街上的行人等，他们对于这个色彩斑斓的世界十分感兴趣，总是看不够，眼睛到处瞄着。

婴儿的听觉几乎和视觉同时出现，刚出生后不久的新生儿就有听觉反应了，会转头去寻找声源，但还不懂得辨别声音。3个月的婴儿已表现出对音乐的喜爱，给他听那些节奏欢快的儿童乐曲，小宝宝会呈现出欢快的表情。4个月后，他就能分辨出成人的声音了，当听到妈妈的声音，他就会表现得欢跃，而听到陌生人的声音就会有恐惧或拘谨感。等到宝宝七八个月时，他能听出音乐里不同的音调，听到熟悉的声音时，还会有模有样地去模仿。1岁左右的宝宝已经能够听懂爸爸妈妈的指令，会按照爸爸妈妈的口令作出不同的行动反应了。

婴儿与生俱来的对不同味道的反应，对他的生存有着重要意义。宝宝刚出生时就有味觉了，1个月以内的婴儿能辨别香、甜、柠檬汁和奎宁等不同味道。他对甜味最偏爱，对于苦、辣、酸、咸的态度则是消极的。而到4个月时，他们开始逐渐喜欢起咸味来，这种变化大概是在为他们开始吃非流质食物做准备吧！这时的宝宝对食物味道的微小改变已经很敏感。从6个月开始，宝宝的味觉发展进入了最发达时期。这种状况一直延续到1岁左右，过了婴儿期，则呈现慢慢衰退的趋势。

宝宝具有天生的辨别气味的能力，出生只有两天的小婴儿已拥有嗅觉。他可以闻出并辨别妈妈的气味，宝宝非常喜欢妈妈的气味，这会使他很有安全感。婴儿到3～4个月的时候，已经能够准确区别不同的气味，并且会有目的地回避不喜欢的气味，嗅觉极为灵敏。如果爸爸喝了酒把嘴凑近婴儿的嘴边时，他会竭力躲闪。大些的宝宝对各种食物的味道有了选择的能力，嗅觉空间定位能力得到了很好的发展，闻到桌子上的苹果香味，目光就会看过去，并通过肢体语言告诉爸爸妈妈，他要得到苹果。

当宝宝看到、听到、闻到某一物品时，他会主动想伸手触摸一下，这说明他的触觉也得到了发展。婴儿刚出生时，手的本能性触觉反应就表现出来了。如当物体碰到新生儿手心时，他会立刻把手指收起，紧握物体。嘴唇和手是宝宝触觉最灵敏的部位，他会经常通过吸吮手指来获得满足。4 ~ 5个月的婴儿有了成熟的够物行为，视触协调能力发展起来，他能有意识地根据视觉信息指导自己的手臂运动，这种能力不断发展，成为婴儿探索外在世界的主要手段之一。

婴儿从出生到1岁的阶段是个体身心发展的第一个加速时期，他们所有的生理功能都在不同程度地发展着。随着身体迅速长大，脑和神经系统也迅速发展起来。在此基础上，婴儿的心理也在外界环境刺激的影响下发生了巨大的变化。他们从吃奶过渡到断奶，学会了人类独特的饮食方式；从躺卧状态、不能自由行动，发展到能够随意运用自己的双手去接触、摆弄物体和用两腿站立，并学习独立行走；从完全不懂语言、不会说话过渡到能运用语言进行最简单的交际等。这一切都标志着婴儿已从一个自然的、生物的个体向社会的实体迈出了第一步，随着心理和认知的巨大发展，逐渐适应着人类的社会生活。

让你的宝宝先知先觉起来

1岁，是宝宝在生理、心理、社会意识等方面的觉醒期，他从混沌走向开明，从无知到探索认知。这是个多么大的飞跃啊！在这个阶段，若使宝宝及早得到外界的适当刺激和激励，将能最大限度地开发幼儿的多元智力。

几个月的小宝宝，主要通过视觉和听觉感受周围的环境，这时应不失时机地为他们创设一个丰富多彩的环境。在宝宝的小床周围挂些色彩鲜艳的玩具，既可以使宝宝看得见，又能使宝宝摸得着，在宝宝独自躺在那里时，这些彩色的玩具可以帮助宝宝解闷，他们会盯着看，产生摸摸它们的心理愿望。当他们把玩具，特别是带有响声的玩具握在手里时，宝宝摇摇就会发出悦耳的声音，心情自然是欢愉的。

宝宝到了3~6个月时，他的动态逐渐丰富起来，视、听能力比前一段有了进步，开始能有目的地伸手抓面前的东西和较长时间地玩胸前的玩具，并喜欢把东西放进嘴里。这时婴儿靠眼、耳、手、口等感觉器官来认识事物。爸爸妈妈不要从卫生的角度去阻止宝宝的这种自我认知过程，他喜欢往嘴里放东西，就把玩具和小手洗干净，任凭他自己“吃”去吧，只要不被他吞进去就行。需要注意的是，要把诸如纽扣、小球、药片、颗粒类的小物件收起，这些东西宝宝可是不能往嘴里放的。不仅要满足他的口欲，还要多带宝宝到处走走，让他多看看外面的世界，给宝宝讲讲各种看到的事物。这时的宝宝当然还不会用语言同你交流，但只要他在听就可以了。

从6个月开始，宝宝就拥有了很了不起的能力。他从会坐，渐渐地过渡到爬行，再到站稳、走路。这一系列的行动能力都在告诉爸爸妈妈：“我长大啦！”在这个过程中，爸爸妈妈一定要扮演好宝宝第一任老师的角色，为他提供一个安全的探索环境，帮助和鼓励宝宝学会坐、爬、站、走等运动技能。

1岁左右的宝宝由于自身能力的发展，对探索自己周围的世界表现出极大的兴趣，对什么都想看看、摸摸或把东西放入口中尝尝。并且他对“走”也情有独钟，这时候他们更需要爸爸妈妈的陪伴，一起玩耍，一起“漫游”，一起到处转转。

爸爸妈妈必须了解你的小宝贝这一年中的各方面发育状况，这一年是他一生的开始阶段，只有当他在生活上得到悉心照料，在精神上得到爱抚和热情的关怀，孩子才会建立对这个世界的信任感和安全感，从而为其个性的健康发展打下良好的基础。

永不满足的需求

宝宝的需求层出不穷

宝宝又开始哭闹了，妈妈赶紧过来把孩子抱在怀里，匆忙地解开衣扣，把乳头填到宝宝的嘴里。小家伙并不领情，依旧哭闹不止，还用小手把自己的“小饭碗”推出去，无疑是在告诉妈妈他不想吃饭。孩子的哭声表明他是有所需要，既然不吃奶，只好查看孩子是不是便便了。结果，一切都很正常。没有经验的妈妈慌了，孩子既不肯吃奶，又没有便便，为什么哭闹呢？

1岁宝宝的哭声，包含的意思有很多，他饿时，要大哭大叫；身体不舒服时，也要不停地哭闹。那些粗心的爸爸妈妈还真不好同他交流。这个阶段的小宝宝还不会故意同你捣乱，他一定是有所需求，才开起哭闹的。在宝宝还不会用语言同爸爸妈妈交流时，家中总是哭声不断，这阵阵的哭声，仿佛是在告诉爸爸妈妈他还有太多的需求没有得到满足。

几个月的宝宝吃饱喝足后，会安静一会儿，这时他在回味美食——妈妈甘甜的乳汁。看着宝宝乖巧恬静的小模样，妈妈打算把他放回到床上，可是，刚刚离开妈妈的怀抱，他又留恋起妈妈怀中那份柔软与温暖。那些累人的宝宝，只要睁开眼，就打算在妈妈的怀抱里赖着，紧紧地偎依在妈妈胸前，直到睡在怀里。这时他想要得到的就不是胃口的满足，而是精神上的安慰了。

爸爸妈妈在宝宝成长的第一年里，着实是够忙活的。刚满足他吃的欲望，过不了一会儿，他就会有新的需求产生，不是尿布湿了，就是便便了，要不就是感到寂寞无聊了。总之，宝宝的需求层出不穷，面对宝宝如此之多的需求，爸爸妈妈往往感到精疲力竭。常听到有妈妈抱怨说，宝宝实在太闹人了，被他折腾得够呛。他们的要求很难满足也无法预测，得不到满足就哭闹不休，而好不容易才行得通的安抚方式，过一会儿可能又不管用了。

需求是宝宝成长的内驱力

不能责怪宝宝如此难伺候，他的要求一点儿也不过分，这些都是人类在成长过程中生理和心理发育所必需的。

从一出生，婴儿便会产生最基本的生理需求，饿了要吃奶，渴了要喝水，冷了要温暖，便便了也会要爸爸妈妈给收拾干净。随着身心的成长，宝宝的各种需求也越来越多。3个月时宝宝有了翻身的需求，6个月时他要学习坐了，8个月时他喜欢爬来爬去，而到了1岁左右，小宝宝要站起身来学走路了。婴儿不只有生理需求，还有心理需求呢！他哭叫时希望有人作答，高兴时希望有人对着他笑，他要和父母作心灵上的交流与沟通，希望爸爸妈妈和亲人给予爱抚、触摸和搂抱。

儿童的发展就是通过不断满足其需求而得到提升的。如果孩子最想做的事情就是“长大成人”这种说法成立的话，那么他们所表达的需求，就是在为其成长提供驱动力。而满足儿童的这些需求则加速了其成长的过程，从而使成长成为可能。一个孩子只有在他所有成长的需要得到完全满足之后，才能够进一步发展。

美国心理学家马斯洛认为，人的一切行为都是由需要引起的。人的基本需要的满足，是心理健康的保证。当人的需求得到满足时，就会产生愉悦、振奋等积极的情绪体验，而需求得不到满足时，则会产生消极的情绪体验。任何一个需求满足后，一种新的、更高级的需求就会出现。也就是说，一个需求平息后，新的需求又产生了。人类就是在需求的满足和新的需求产生的过程中进步和发展的。

人类的基本需求是从出生时开始的，如果一个人在生命早期的各种需求没有得到充分满足，就会像盖楼房时地基打得不牢固一样，后期的基本需求就无法得到充分的满足。因此，健康的身心源于幼年时期基本需求的满足，而健康心理的培养，也应从婴幼儿时期抓起。

及时满足和回应宝宝的需求

不要把宝宝当成难伺候的小捣蛋了，他的不断需求，是其成长的养料。满足这些需求，就是在为孩子的成长注入源源不断的动力。宝宝满足了吃喝的需求，可以长身体；满足了探索的需求，便会产生好奇心，了解更多的事物；满足了安慰的需求，心情就会快乐起来，体会到幸福感，享受到亲情的温馨。

尽管妈妈与宝宝之间有一份天然的“心有灵犀”，但在宝宝还未学会成人的语言及沟通方式之前，他们有着许多“说不出的秘密”，不知该如何向妈妈表达，哭闹是唯一的表达方式。所以，爸爸妈妈要懂得解读宝宝的哭声，及时满足和回应宝宝的需求。只有对宝宝的需求作出敏感而准确的回应，才会使孩子拥有归属感和安全感。不要认为满足孩子的需求就是“溺爱”，对1岁的宝宝怎么“溺爱”都不算过分，他们需要爸爸妈妈在生活上无微不至的照顾。

许多人说满足宝宝的需求会使其索要更多，更为依赖他人。事实并不是这样，有的孩子之所以对父母产生依赖，是因为爸爸妈妈的做法偏离了孩子的真正需求，总是用父母心目中孩子需求的观念来取代他们的真正需求。如宝宝表达对食物的需求时，应该及时满足他，不管离上次喂食的时间是长还是短。在把自己与家人融为一体的过程中，宝宝会最终学会调整自我驱动的日常惯行，从而适应周围人的日常习惯。不要人为地给宝宝制订时间表，使孩子形成一套非自然的饮食方式，结果孩子吃食物，不是在自己真正想吃的时候，而是爸爸妈妈想让他吃的时候。这使孩子认识不到自己的内在调节机制，却教会他们依赖外在机制决定什么时候吃食物。这对孩子的成长很不利，因为他们的自然需求被打乱，想吃的时候不能得到满足，而不想吃的时候偏偏要勉强接受。在生活中，经常看到这样的场景，大人端着碗逼孩子进食，孩子万般不愿意地拒绝进食，弄得大人满头是汗，孩子一脸的不耐烦。

父母应认真观察宝宝，揣摩他行为背后的真正意图，学着理解他的需求，以他能够接受的、温和而人性的方式去引导他，让宝宝的需求得到尊重。一个被父母理解、获得最大满足感的宝宝，通常也是最乖巧的宝宝。爸爸妈妈要学会观察揣摩宝宝的心理需求，以最适合他的方式来应对他的各种行为。

无他的世界

1岁宝宝生活在“大我”之中

宝宝醒来的时候，妈妈还在很香甜地睡着，窗外的阳光把房间照得很亮。宝宝还不能招呼妈妈起床，也不会用小手去推妈妈或用小脚丫去踢妈妈。现在他好像不饿，便便也没有出来惹宝宝不耐烦，这都多亏妈妈照顾得周到。宝宝舒服了，妈妈却累了。

也许宝宝想让妈妈多休息一会儿，他安安静静地躺在那里，眼睛望着天花板出神，小手死死抓着毛巾被。妈妈翻了一个身，还没有醒来，又迷迷糊糊地睡了。宝宝收回眼神，对举在眼前的小手审视起来，看够了小手，又把自己的右脚搬起来，放到嘴里吃着，口水横流，弄湿了衣襟。

当妈妈醒来时，发现宝宝正一个人玩脚丫，于是赶紧爬起来，心疼地把宝宝抱在怀里，忙不迭地把乳头塞到宝宝嘴里。

宝宝并不反对妈妈的喂哺，流出太多的口水把自己的嗓子眼儿弄得干干的，正好来上一气儿甘甜的乳汁，润润嗓子。吃上几口，还会看看妈妈的脸笑笑，然后继续吃他的饭饭，直到咽不下去，才停下来。

这个可爱的小人，在妈妈眼里就是一个可爱的小天使，为了他，做妈妈的不怕辛苦，累一些又有什么关系呢！沉浸在亲子的二人世界里，真是妙不可言，你笑，他也还以咧嘴，你摸摸他的小手，他就伸出胖乎乎的小手来抓你。

许多沉浸在亲子天伦之乐中的妈妈都会这样认为，宝宝和爸爸妈妈互动，是因为知道他们是一家人。

在大人眼里，当然没有错，宝宝就是宝宝，爸爸就是爸爸，妈妈就是妈妈。可是，在几个月的小宝宝眼里，他可不知道自己和妈妈的区别，也不知道自己和其他人的区别。他小小的意识里，有一个大大的“我”，即我就是整个世界，以为自己动世界就动，自己笑、哭、饿，那么整个世界也会跟着出现同样的状况。

宝宝自我意识的逐步形成

宝宝不知道自己是谁，搞不清楚他和别人的区分，主要原因是因为这时的宝宝还没有自我意识。人的自我意识不是与生俱来的，而是在后天的生活中、在个体与客观环境的相互作用中逐渐形成的。

精神分析学家玛格利特玛勒把新生儿比作“蛋壳中的小鸡”，他们不能把自己同外界环境区分开来，还不具备本体性。所以他们会常常把自己的小手或小脚当成玩具来玩耍，当他躺在那里长久地注视自己的小手时，也许在想，这个肉乎乎的玩具好好玩哦！

宝宝在妈妈肚子里生活时，他的生活环境是那么的安逸，连吃喝都不用自己发愁，一切有妈妈管着，他的任务就是生长，等待出生。所以，他并不知道自己是谁，在干些什么。出生后，他被迫管起了自己的吃喝，饿的时候，用哭声通知妈妈来开饭，自己要努力吸吮才能填饱肚子。即便如此，他仍然会以为自己和妈妈是一体的，他不知道自己和妈妈的区别，分不清哪个是妈妈，哪个是自己，也不知道自己和其他人的区别。

随着宝宝一天天长大，他才渐渐地注意到，原来妈妈并不是无时无刻都存在的。尿布湿了、肚子饿了，如果妈妈不在身边，无论怎么哭闹，一切好像都没有改变，原来我和妈妈不完全是一样的啊！有时候，淘气的宝宝既没有排便，也没饿肚子，可就是哇哇大哭。这时的他，其实是在试探和探索，他似乎已经蒙蒙眬眬地感觉到，这个世界还有其他的东西存在。

大约从6个月起，婴儿逐渐能从他与母亲的共生中分化出自己的身体表象。如他抓妈妈的头发、耳朵、鼻子，将食物塞进妈妈的嘴里等，这就显示出婴儿自己与母亲的分化。7～8个月的宝宝，还会出现一种新的“查对母亲”的行为模式，他开始将妈妈与别人进行比较，当他看到的人不是妈妈而是别的陌生人时，就会产生惧怕，从而激起一种“陌生人焦虑”。这一切表明，婴儿的积极分离机能开始发展起来了。

婴儿9个月时，如果不小心把手里的玩具掉到地上，当成人帮他捡起来时，他就会有意地将玩具反复扔到地上。这时应宽容和谅解宝宝的“捣乱”，因为在这样的反复过程中，他们逐渐区分出了自己的动作及动作对象之间的微妙关系。

1岁左右的宝宝通常会非常喜欢碰触外界的一切东西，因为他很想感受触摸自己和触摸别的什么东西有什么区别。他这样做的目的只有一个，就是在进行“物我知觉分化”。这时的宝宝看到镜子里的自己，似乎蒙蒙眬眬感到，那个动作和自己总是一模一样的小人，可能和自己有些关联，但是，还不能明确意识到镜子里的镜像就是他自己。

人类的自我意识是从什么时候开始出现的呢?心理学家曾经做过这样一个实验：在睡熟的婴儿的鼻子上抹上胭脂，在婴儿醒来后，让他照镜子。结果发现：大多15~18个月的婴儿会看着镜子，摸自己抹了胭脂的鼻子。这个时候他已经明白，原来镜中的宝宝就是自己。

帮助和促进宝宝产生自我意识

宝宝有了自我意识后，才能分清我与他人，才能知道自己就是自己，妈妈就是妈妈。培养婴儿积极的自我意识，是儿童心理健康和人格形成的核心内容。发掘自我的过程，也是发掘一个人内在潜力的过程，让孩子从小养成和确立一种自我意识，对他们今后跨入社会、面对挑战有着莫大的帮助。

虽说1岁的宝宝还没有自我意识，生活在一个无他的世界中，但婴儿认识自我的过程是可以促进的，这在很大程度上取决于外界对他的刺激。婴儿对自己的认识，来自环境，所以，爸爸妈妈要有意识地帮助和促进宝宝认识自己，用多种方式让宝宝了解自己的变化，意识到自己的成长。

从儿童自我意识发展的规律来看，宝宝对自己的了解是先从身体开始的。爸爸妈妈可以经常和宝宝玩些互动游戏，当宝宝躺着的时候，有意识地触动他的小手小脚，通过碰触刺激宝宝手部、脚部的肌肉，引起相应的动作，这有利于宝宝中枢神经的发育。并且边抚触边告诉宝宝“妈妈给宝宝揉揉小手，瞧，宝宝的小手多灵巧”“这是宝宝的小脚丫，挠一挠，宝宝痒不痒”，会让宝宝将妈妈的声音与自己的感受建立起条件反射，从而明白“噢，原来这种感觉是来自我自己的，这个小手和小脚就是属于我的身体的”。

经常和宝宝玩“镜中人”的游戏，也可以帮助宝宝认识自我，产生自我意识。爸爸妈妈抱着宝宝在镜子前，宝宝会好奇地用小手抓镜子里的“小朋友”，这时可以让他去做。然后对宝宝说：“宝宝，你看，谁在镜子里呀？”“宝宝和镜子里面的小朋友一个样子，是宝宝在里面呐！”对这些情境宝宝不一定会有反应，但当宝宝几次尝试后会慢慢发现，镜子里的“小人”和自己总是同步的，会逐渐明白镜子里的宝宝就是自己的影子，从感性上建立自我的表象。另外，也可以经常给宝宝看看自己的照片，并且在看的同时启发宝宝："这个漂亮的宝宝是谁啊？"这不仅强化了宝宝的自我形象，也将妈妈的评价传递给宝宝。

1岁的宝宝生活在无他的世界中，他需要父母协助自己去感知外在的世界和内在的世界。爸爸妈妈要做到了解他、呼应他，帮助他感知和认识自己，把自己作为主体从客体中区别出来，从而促进幼儿自我意识的发生和发展。

他的动作透漏了他的内心世界

宝宝的身体会说话

别看1岁的宝宝好像一个小迷糊，什么都不知道，其实，他已经有了自己的小想法。宝宝不能用语言表达时，除了用哭声外，他还会用身体语言来向照顾他的爸爸妈妈和亲人们提出要求，透漏他的内心世界。

宝宝躺在那里专心致志地吃着自己的小手，此时妈妈担心卫生问题，走过来把他的小手拿开，宝宝看样子并没有生气，冲妈妈咧开小嘴笑笑，好像不好意思了。妈妈在他小脸蛋上亲了一口，小家伙欢愉地张开双臂，小腿活跃地蹬着，妈妈把他抱了起来，他亲昵地把小脑袋在妈妈的怀里乱蹭，表示妈妈读懂了他的“语言”，他要感谢妈妈。

婴儿在学会说话以前，有着丰富多彩的体态语言，如丰富的面部表情及身体姿势的变化。这些变化不是出自偶然，而是具有深刻的心理活动的意义。

宝宝生命的最初阶段，并非是一个什么都不懂的“小肉团”，他能够感受到这个世界的寒冷与温暖、热闹与宁静，并通过不发声的肢体语言来表达他们对周围情境、概念和人物的理解与感受，之后才渐渐学会用真正的有声语言来表述。婴儿在1岁里，肢体语言是他与外界交流的主要手段，有成千上万的信息要通过体态向爸爸妈妈传递。肢体语言向我们打开了一扇观察宝宝的窗户，透过这扇窗，可以看到宝宝在社会、情感和认知等方面的发展。读懂宝宝这种重要的表达、沟通方式，了解宝宝的内心想法，爸爸妈妈才可以更好地帮助宝宝学习和发展。

读懂宝宝的“小动作”

别看小宝宝还不会说话，可他的小脑袋瓜真的没闲着。宝宝对人的微笑，是欣喜的体现；宝宝边哭边不耐烦地用小手推人，是他不想见到这个人或是爸爸妈妈没有领会他的意图。宝宝内心的“想法”，都是通过这些“小动作”来反应的。只要悉心观察，就会发现婴儿的一举一动，都包含了一定的需求信息，爸爸妈妈可以据此准确地了解宝宝的心理需求，并适时地给予宝宝最贴心的照料。

刚出生不久的小宝宝，就会用手指来表达自己的要求。当他带着愉快的心情醒来时，通常会小手张开、手指向前伸展，这是宝宝在邀请身边的爸爸妈妈和自己一同玩耍。宝宝不再东张西望，小手的指头放松地弯着，手臂也松软地耷拉下来，这是宝宝在告诉妈妈，他已经累了，想睡觉了。宝宝小手紧紧地握着拳头，通常是宝宝紧张时的动作，或许宝宝害怕某个陌生环境或人，也可能是他的小肚子有些不舒服。而当宝宝手臂放松、小手轻轻地握着时，则不要不识相地去打扰宝宝了，因为他这时是想独自安静一会儿，正在心满意足地享受着美妙的时光呢!

到了宝宝能爬会坐的时候，宝宝身体所表达的信号会变得更加清晰，这是由于感知能力和动作能力的发展与增强，使宝宝获得了更多的交流经验，他知道自己的肢体语言可以得到爸爸妈妈的回应。宝宝张开双臂，将身体扑向妈妈，他的小心思是要求妈妈拥抱、亲热，想待在妈妈怀里体验偎依的温馨。如果他伸出一只胳膊指向前方，并且身子向外用力倾斜，爸爸妈妈就要看看前方有什么令他感兴趣的东西，是玩具引起了他的兴趣，还是家中新买的花瓶让他感到新鲜？当宝宝的小脚丫踢椅子的时候，就表明他们坐不住了，想要站起或被抱起来。邀请大人陪他游戏时，他会把玩具扔到地上，等待妈妈捡给他，这时你陪伴他一起玩，他准会小脸笑成一朵花儿。碰到宝宝经常扭转头或者中断与你进行眼神交流的时候，这是宝宝希望自己玩，爸爸妈妈可以离开做别的事情。

宝宝大约9个月大的时候，随着肢体协调能力和手眼协调能力的提高，“小动作”变得更加丰富起来。他能够很轻易地表达出他的需要和爱好，基本上无须爸爸妈妈费心思去猜测了。他点头表示同意，摇头表示拒绝，撅起小嘴、皱起小鼻子表示不高兴。以小手拍拍头，表示要戴上帽子后出去玩耍。想要什么东西的时候，他会抬起胳膊用手指，或抓着你的手让你过去拿。这个时期他对爸爸妈妈的话能够理解了，当你问玩具车在哪时，他会转动小脑袋寻找，看到玩具车就会高兴地“啊啊”着，小手一直往那里指。当妈妈叫他名字时，他能很快作出反应。如果阻止他做什么事情的时候，或听到爸爸妈妈的呵斥声，他会抬头看看，暂停一下自己的行动。

满1岁时，宝宝的语言就会逐渐代替肢体动作。当然，他的肢体语言还会被沿用，因为他的口语才刚刚起步，需要口语和肢体语言混用。

宝宝的这些肢体语言，妈妈要读懂，他的这些小动作无时不在透露他内心世界的小秘密。要想宝宝快乐，只有快速准确地解析宝宝的肢体语言，宝宝才能减少交流过程中的焦虑。如果爸爸妈妈很难及时给予宝宝正确的回应，就会容易使宝宝产生焦躁心理，不利于他们的成长。

神奇的记忆力

小宝宝的超凡记忆

两位怀里抱着婴儿的年轻妈妈坐在公园的长椅上聊天，内容当然是她们怀里的小宝贝。她们的话题是：这样小的孩子有没有记忆力？他能记住些什么？

一位妈妈抚摸着5个月的女儿说："她对自己的奶瓶很熟悉，如果爸爸逗她玩儿，故意拿出奶瓶做摔的动作，她会着急地哭起来。"她换个抱孩子的姿势，接着说："家里买了一件新东西，她能盯着看老半天不移开视线，好像要记住这件东西。"

另一个怀抱男婴的妈妈点点头说："是啊，宝宝还真的有记忆力。有一次洗澡时，我不小心把肥皂水渗到了他的眼睛里，结果下次再下水时他就哇哇大哭。原来，宝宝记住了那次不愉快的经历呐！"

两位妈妈说得没有错，小宝宝的确拥有记忆力。当给两个月的小婴儿换尿布时，只要用手提起他的双腿，宝宝就会停止哭声，因为他记住了这个动作。而横抱起小婴儿，他则会做出找奶吃的动作，这些姿势与吃奶所建立的联系已形成一种条件反射。这种对条件刺激物作出的条件性反射，就是宝宝最初的记忆。

婴儿不仅很早就存在记忆，而且他们具有相当好的信息保持能力。把一张面部的照片给5个月的宝宝看两分钟，两个星期后再次拿出同样的照片，他仍能表现出再认照片的迹象。在3个月宝宝的脚上系上带子，带子带动着一个活动玩具。几分钟后，机灵的小家伙就知道了，通过晃动自己的脚，就能带着神奇的玩具活动起来。过了几天，再将宝宝放在同样的活动玩具前，但是这次没有给他脚上系带子。两分钟后，他开始活动自己的脚，因为他完全记住了接下来的步骤——怎样使玩具活动起来。

1岁幼儿的神奇记忆之旅

宝宝从一出生就具有了记忆的能力，只不过由于他们的记忆表现方式比较特殊，所以容易让人忽略。这个阶段的各种信息以一种自动的、无意识的形式进入婴儿的记忆中，且在大脑中存留时间很短。他对自己周边的东西最先产生记忆，如喂饱他小肚皮的妈妈的乳房或是奶瓶，枕放小脑袋的柔软舒适的地方，妈妈温柔亲切的声音，一个可以抓住的手指……这时的宝宝主要从感官的角度记住某些人或物，如通过气味记住妈妈，通过声音记住咯咯作响的自己的小玩具等。

宝宝3个月时，大脑皮层发育得更加成熟了，他能够有意识地存储并回忆一些信息。这时，他只要看一眼就知道这个东西是他所熟悉的。其实，小宝宝的记忆很容易测试，由于他总是喜欢不断寻找新鲜事物，因此一旦对某样东西熟悉了，也就是当他们记住了某样东西后，就会对它感到厌倦。

随着宝宝的成长，他们记忆的内容也慢慢地复杂起来。等他长到7～8个月时，就能想起那些不在眼前的人或物了。妈妈、爸爸以及其他许许多多的事物，都已经深深地印在了宝宝的脑海中，这时他无须任何具体的提示就能想起他们。

宝宝9个月以后，活动记忆能力开始发育，也就是说他的大脑能够捕捉到在他面前发生的事情。如当着宝宝的面，将玩具从一块布下面挪到另一块布下面，宝宝能从第二块布下面找出玩具。这在以前，宝宝是做不到的，他只能记得你把玩具放在了第一块布下面，所以会毫不犹豫地去最初放玩具的地方寻找。

1岁左右宝宝的记忆力与日俱增，他不但能够记忆，而且能够模仿记忆中的某些行为。这需要对以往经验的回忆，而不仅仅是对当前某物的再认。当他看到你每次出门时总是挥手和他说再见，以后每当你朝大门走去，他就会自然而然地模仿你挥手的样子。随着时间的推移，宝宝能够模仿更为复杂的动作而且记忆存留的时间也更长了。这个年龄的宝宝，可以长时间在大脑里储存很长一段记忆，还可以将大脑中瞬间闪过的事情用图画表现出来。此时宝宝的抽象思维正在逐步发展，而且这些抽象思维能力将大大加强宝宝对周围事物的认知能力。在现实生活中，宝宝能在游戏时玩以前的游戏，看到以前曾看过的电视动画片，他会惊喜地手舞足蹈，这些都可以体现出他们的记忆力。

帮助宝宝提升记忆力

尽管幼儿的记忆力会随着年龄的增长获得自然发展，但记忆力和其他各种能力一样，可以经过后天的训练而加强。在宝宝的记忆之初，爸爸妈妈不妨采取一些措施，来帮助和促进宝宝提高记忆能力。

幼儿最初是通过各种感觉，如闻、听、看、尝和触摸等来接受和储存信息，并建立自己的记忆。所以，要多给宝宝提供感知的机会，让他多看颜色鲜艳、图形各异的图片和玩具，多听各种不同的声音，多触摸材料质地不同的物品，多尝试接触各种不同的食物和气味，以使宝宝的各种知觉得到更好的发展。感知能力发展得越充分，宝宝记忆储存的知识经验就越丰富。

1岁幼儿的记忆还处于无意识记忆阶段，他们对事物的认识，往往是在无意中进行的，针对宝宝无意记忆的特点，要多为他提供形象具体的记忆对象，充分利用生动具体的形象来吸引宝宝的注意力。如在让宝宝记住小兔图片时，可以做蹦蹦跳跳的动作，还要做小白兔吃胡萝卜的动作，让宝宝在享受爸爸妈妈表演的乐趣的同时，加深对小白兔的记忆。当他看到小兔图片时，就会联想到爸爸妈妈的表演。

1岁宝宝的理解能力不够，此时他以机械记忆为主。爸爸妈妈在给宝宝讲故事或者教儿歌的时候，应该多给宝宝讲解详细内容，帮助宝宝理解其中的含义，在理解的基础上进行记忆才能够使宝宝不容易忘记。

游戏是宝宝的第一大乐趣，他们在游戏中无形地锻炼了自己的记忆力。通过运动或动作，可使宝宝加深记忆。这次做的投掷动作，下次他还会运用。当宝宝把奶瓶扔进浴盆，瓶子落水的时候，发出的泼溅声让他觉得很有趣，于是他记住了这件有趣的事情，当同样的场景出现时，原有的记忆就会提醒他重复这个动作。

两个月的宝宝已经能够认识奶瓶了，妈妈一把奶瓶放在他的嘴边，他就笑着张开嘴巴，这就是婴儿的形象记忆，通过具体形象来记住各种材料，是妈妈们常用的一种锻炼宝宝记忆的方式。宝宝认识妈妈，知道谁是自己熟悉的人，谁是陌生人，这都是形象记忆的表现。在幼儿的记忆中，形象记忆占主要地位，起了很大的作用，主要依靠表象进行，尤其是视觉表象。所以，要因地制宜，不失时机地运用形象记忆来锻炼宝宝。如骆驼是高大的，有驼峰；大象也是高大的，有一个长长的鼻子，两只大耳朵，还有白白的牙齿；长颈鹿是高大的，它的长脖子能伸到树上去。

语词记忆也是常用的一种方法。1岁左右的宝宝已经能够说出一些词语和简单的短句了，他能听懂爸爸妈妈的话语，多同宝宝讲话，会使宝宝在听的过程中增强记忆。

不要指望1岁的宝宝是神童，教他什么都能记住。宝宝的记忆经历从简单到复杂，从少数到多数的过程。所以培养宝宝的记忆力应循序渐进地进行，爸爸妈妈一定要有耐心，在不断地有目的、有计划的教育中逐步培养和提升宝宝的记忆能力。

牙牙学语——1岁幼儿的语言发展进程

为“开口说话”做准备

1岁左右的宝宝，已经能用语言表达自己的简单要求，能够与人进行简单的对话沟通了。自从能自己走来走去后，他认识物体的方式也从用眼确认阶段，发展到了用手指指认阶段。在小手指不厌其烦地指东指西时，小嘴里还嘟嘟囔囔地说着谁也听不懂的话，就连他自己都弄不清楚说的是哪国的语言。

宝宝爱唠叨可不是他心里烦，通过唠唠叨叨来发泄。他们嘟嘟囔囔地自言自语，是在锻炼自己的口语能力呢！他努力地练习着发音，逐步学习着对发音的控制，为今后的语言发展做准备。他们把唠叨嘟囔当成一种乐趣。通常所说的咿呀学语，就是指这一阶段。

早在宝宝几个月的时候，就开始为日后的“开口说话”做准备了。2～3个月的小宝宝就会发出类似元音的声音，在他吃饱喝足、心情不错的时候，他会“哦哦啊啊”地表达一下，似乎在向爸爸妈妈的精心照顾和呵护诉说着感激之情。

等宝宝长到4~6个月以后，他的语言能力有了新的提高，不仅能发出元音，还可以把辅音加上去，发出类似语音的声音，而且出现了连续的音节。他有时候会“吗吗吗吗”地叫着，或者“吧吧吧吧”地嘟哝，别误会，此时的他还不会有意识地叫“爸爸妈妈”，这只是宝宝在为今后的说话操练基本功。

宝宝6个月以前，爸爸妈妈对他说话，他也会“哦哦啊啊”地嘟哝，好像在给爸爸妈妈的话“伴奏”。可是到了7个月以后，他学会在爸爸妈妈说话的时候默不作声，只是用小耳朵仔细地听着。待爸爸妈妈的话一停，他才开始“哦哦啊啊”一番，这时候的他，则更像是在和爸爸妈妈“对话”。

8~9个月的宝宝，整天咿咿呀呀地说个不停，他开始会模仿了。他学习大人的音调、语气，这时宝宝发出的声音，已经明显带有母语中独特的语调了。9个月以后，宝宝已经能很好地听懂爸爸妈妈说话的意思，而宝宝对言语的理解和表达能力互相联系起来，一般要到1岁左右。

大部分宝宝在1岁时已经了解了不少词的意思，他们懂得的词要比会说的词多得多。也就是说，他们不会讲出来，但是并不代表听不懂。当妈妈说去广场时，宝宝就会在前面带路，抓着你的手往前走，用实际行动来证明他已经听懂了。

给宝宝丰富的语言刺激

婴儿语言能力的发展是一个奇妙的过程，几天前他还像一个“小哑巴”似的，只能领会爸爸妈妈的意图，却很难用语言来作出回答，但现在突然就会说话了。听到宝宝开口说话，爸爸妈妈肯定会欣喜不已，总是担心自己的宝宝不会说话，现在放心了，原来他不是“小哑巴”。欣喜之余有时也有些烦恼，宝宝嘴里总在嘀嘀咕咕地说着谁也听不懂的语言，一时半会儿还真弄不懂他在表达什么。其实，宝宝也很想立即让爸爸妈妈理解，只是因思维能力和词语的匮乏还不能达到即刻沟通的效果。这个时候，爸爸妈妈最好不要着急，宝宝开口讲话，是一件很了不起的事情，爸爸妈妈不要指望宝宝一下来个飞跃，能同爸爸妈妈流利对话，这还需一些时日。此时爸爸妈妈需要了解宝宝语言能力大致的发展过程并给予全程的帮助，这样宝宝会获得更好的发展。

宝宝从一出生就爱听人说话的声音，因为他是通过“听”来学“说”的，所以爸爸妈妈一定不要认为“沉默是金”，而要多和宝宝说话，为宝宝提供丰富的语言环境。“妈妈在给宝宝换尿布呢”“宝宝在摇小铃铛”这些话不仅能刺激宝宝大脑的语言中枢，还可以教宝宝在情境中理解语言，使宝宝对语言产生兴趣。

幼儿熟悉名词的多少以及对这些名词的理解程度，对他今后语言表达的流畅和准确度有很大的影响。爸爸妈妈应利用各种机会向宝宝介绍其周围每件东西的名字，如宝宝每天都要喝的牛奶、装牛奶的奶瓶、宝宝的玩具等。为使宝宝自然地掌握这些生活中常用的基本名词，可以在与宝宝玩耍时，给他注入这些语言概念，点着他的小手指，告诉他这是宝宝的“指头”，或拉拉自己的耳朵告诉他，这是妈妈的“耳朵”，对着放在桌子上的香蕉说“那是香蕉”。在说的过程中，肢体动作应尽量夸张一些，使宝宝既开心，又能掌握这些名词的发音和所含的意义。每次和宝宝说话时，一定要面对他，让他清楚地看到你的口型和脸部表情。而且，说话时吐字要清晰，并尝试把节奏放慢些，尽可能地配合宝宝的语言学习。

在宝宝还没有学会说话以前，他可能会“咿咿呀呀”地给你回应。其实，“咿咿呀呀”的宝宝很想表达，但想说又不会说，这时爸爸妈妈可以帮助宝宝把他想说的话说出来。比如当宝宝用手指着苹果“咿呀”时，就可以说：“噢，这是苹果，宝宝想吃苹果呀。”这不仅可以发展宝宝的语言能力，也是对宝宝需求的一种很积极的回应，能给予宝宝很大的鼓励，让他更想学习语言。

通常，爸爸妈妈总喜欢和宝宝说儿语，认为儿语的结构比较简单，而规范的语言比较难，宝宝接受不了。其实，爸爸妈妈大可不必担心，对于一张白纸的宝宝来说，你输入什么他就能接受什么，所以，应及早让宝宝接触规范、优美的东西，并在他大脑中留下印记，以促进他的智力开发。

宝宝学说话，可不是一蹴而就的，不要期望今天告诉了他“苹果”，明天他就能记住并说出来。一个词往往要重复很多遍后，宝宝才能理解并且记忆，最后自己说出这个词。所以，要不断重复或者大声强调想要宝宝学习的词语，以起到强化作用。对于学话期的宝宝来说，丰富的语言输入量是非常必要的。对宝宝重复相同的话、唱同样的歌、念相同的歌谣，这一切都能在照顾宝宝的过程中自然发生。

当宝宝牙牙学语时，爸爸妈妈要用热情的“交谈”来吸引他，可以偶尔向他咕哝几句，也可以多去附和或模仿宝宝的说话内容，这会大大提高宝宝说话的兴趣。另外，要对宝宝说出的话有所反馈，可以问一些简单的问题，这样也可以促进宝宝的思考和加强宝宝对语言的理解。

教宝宝说话，除了保证宝宝每天听到一定数量的词汇，还要注意输入语言的质量。高质量的语言就是那些经过提炼、加工的书面语言。每天可以固定一个时间，把宝宝抱在怀里，一边和他一起看图画书一边念给他听。这些规范化、具有韵律且优美的语言会在宝宝的大脑里形成印刻。随着时间的推移和不断渗透，即使宝宝不能完全理解其中的意思，也能帮助宝宝逐步建立语言方面的良好品位。在给宝宝念图画书、诗歌、童谣的时候，爸爸妈妈要特别注意自己的语音、语调，这对发展宝宝的听力、发音也很有好处。

多彩的情绪

小婴儿的情绪也斑斓

5个月的宝宝躺在床上哇哇大哭，正在洗衣服的妈妈赶紧停下来，并从盥洗室里大声地告诉宝宝："宝宝乖，等一等，妈妈马上就来了。"宝宝似乎听懂了妈妈的话，果然不哭了。妈妈赶紧抓紧时间给衣服拧水，放到盆里准备往甩干桶里放。

宝宝的耐性是有限的，尽管只耽搁一二分钟时间，小家伙却火冒三丈，"嗷"地一声大哭起来。

妈妈这回不敢怠慢了，赶紧擦干湿手，嘴里说着"来了，来了"快步跑到宝宝身边。宝宝可不领情，依旧大哭不止，仿佛受到了极大的委屈。

通过哭声，妈妈知道宝宝尿湿了，于是手脚麻利地给宝宝换好尿片。宝宝似乎怒气未消，哭得满头是汗。妈妈把宝宝抱在怀里摇晃，亲吻，并轻拍他的后背予以抚慰。宝宝虽然哭声减弱了，但是并没有停下来的意思，妈妈只好使出最有效的一招——给他喂奶。

哭泣的宝宝边吃奶，边时不时地停下来盯着妈妈的脸哭两声，似乎在埋怨妈妈："为什么好半天不来理我？"妈妈当然读懂了宝宝，轻声地对宝宝说："妈妈来晚了，让宝宝等的时间长了，宝宝不哭！"

宝宝这才专心地吃起奶来。等他吃饱了，妈妈把他竖抱起来后，宝宝冲妈妈甜甜地笑笑，小手还抓妈妈的脸，愉悦的情绪溢于言表，母子愉快地玩起了亲子游戏。

可不要认为刚出生的小宝宝或几个月的小婴儿没有情绪，不懂得感情，不要认为他们只能在吃饱喝足睡够之后，对周围的世界做出无意识的反应。其实，从呱呱坠地的那一刻起，宝宝就具有了多种的情绪变化，从此开始了他充满“喜、怒、哀、乐”的丰富人生。

当小宝宝出生时，他们大脑中用以表达情感的部分，有一半已经建立起来，这使他具备了表达情绪情感的物质基础。伴随着幼儿的成长，他的情绪情感也变得日益复杂，并且也拥有了更多、更复杂的方式把他的情绪情感表达出来。幼儿的情绪发展在他的成长过程中是极为重要的，因为快乐健康的情绪体验，对宝宝的行为和智力发育有着积极的影响。

1岁幼儿情绪符号解密

从一出生，宝宝的情绪就变幻不定。情绪既是宝宝心理的重要内容，又是他们心理活动的主宰者，因此宝宝的生活和行为都充满了情绪色彩。细心的爸爸妈妈在宝宝1个月大的时候就观察到了高兴、愤怒、悲伤、恐惧等多种多样的情绪变化。

微笑是宝宝愉快情绪的表现。刚出生几天的小婴儿就会微笑，但这时宝宝的笑往往是“无意义”的笑，并不代表他真的高兴和开心。1～2个月时，宝宝的笑开始和他们的感受联系起来。当宝宝喝足了奶、睡好了觉，或是美美地洗了个澡，感到身体舒服了，他就会用微笑来表达。这时，他是生理性的微笑，是满足自身内在生理需要后产生的情绪反应。在出生的第3个月，宝宝的社会性微笑开始出现了。每当妈妈亲吻、拥抱宝宝，或是听到了妈妈熟悉的声音后，他都会露出微笑，这是婴儿内心愉悦的体验。

随着宝宝的成长，他的愉快的情绪表现不再只停留于笑的表情了，而较多地用手舞足蹈来表示。到宝宝1岁时，他快乐的情绪表现得更为明显，当妈妈突然出现在面前，他会高兴地笑着扑向妈妈的怀抱，紧紧搂着妈妈的脖子亲吻妈妈。

愤怒，也是幼儿常见的情绪。宝宝愤怒的反应，一般是由剧烈到缓和，由直接到间接，随着年龄的增长而不断变化。出生不久的小宝宝，在饿了、渴了、尿布湿了时，就会通过满脸涨红地大哭来表达自己的愤怒情绪。如果妈妈没有对他的需求及时给予满足，他的哭闹会进一步升级。几个月的宝宝遇到不如意的事情时，也会通过哭闹或者摔玩具、拍打身边的东西来表达自己的愤怒情绪。如果没有随了宝宝的心愿，他则会撅起嘴巴，进而大声哭叫，且手脚并用地乱摇乱踢，用整个身体来发泄他的不满和气愤。

都说小孩子无忧无虑，殊不知，还在襁褓中的小宝宝就有了痛苦和悲伤的情绪呢！新生儿出生后的1～2天，便会由于疼痛、饥饿、失望、噪声、冷、热、光等刺激引起痛苦。几个月的宝宝独自一人时感觉很无聊，或者遭受身体上的不适又没人理睬他的时候，他就会悲从中来，伤心地哭泣，甚至还可能伴有闭眼、号叫、蹬腿等动作。1岁左右的宝宝处于陌生环境中，如果突然看不见妈妈了，他会难过地大声啼哭起来。

恐惧是婴儿天生就有的情绪反应，可以说是一种本能反应。婴儿最初的恐惧不是由视觉刺激引起的，而是由听觉、触觉等刺激导致。当新生儿听到巨大或刺耳的响声，或从高处摔下等，都会产生恐惧。新生儿的惊跳反射，就是婴儿最早的恐惧体现。从4个月左右开始，婴儿出现了与知觉发展相联系的恐惧。那些曾引起过婴儿不愉快经验的刺激，会激起婴儿的恐惧情绪。也是从这时开始，视觉对婴儿恐惧情绪的产生渐渐起了主要作用。怕生也是宝宝对陌生刺激物的恐惧反应，它与依恋情绪同时产生，一般在6个月左右出现。宝宝对妈妈的依恋越强烈，怕生情绪也越强烈。1岁左右，宝宝害怕的东西开始越来越多，如黑暗、小动物，甚至商场里的塑胶模特等，都会给宝宝带来莫名的恐惧。

依恋是幼儿与看护人之间特别亲近、持久的情绪关系。刚出生的小宝宝还不能区分谁是自己最亲近的人，因此他对所有人都作出反应，对于前去安慰他的人没什么选择性。3～4个月后，宝宝开始能从周围的人中区分出最亲近的人来，并特别愿意和他亲近。如婴儿对妈妈笑得最多、最频繁，其次是对家庭其他成员和熟人，对陌生人则笑得最少。但此时他仍然能够接受比较陌生的人的注意和关照，不会太介意和妈妈分离，但是会带有一点儿伤感的情绪。6个月后，宝宝开始急切地想知道谁是他生活中最重要的人，强烈地依恋爸爸妈妈或看护人，希望与照顾他的人更贴近。当亲近的人离开时，宝宝会表示出强烈的不安，表现出一种分离焦虑。而陌生人出现时，则会恐惧，甚至哭泣、大喊大叫，表现出怕生和无所适从。

厌恶的情绪早在宝宝出生后就显现出来了，它主要表现在婴儿对不喜欢的味道或气味的拒绝。刚出生的小宝宝就会对苦、咸、酸的东西做出痛苦的表情，而给母乳喂养的宝宝换用配方奶时，他也会以皱眉、耸鼻等厌恶的表情以示拒绝。几个月的宝宝，对事物的喜好与厌恶情绪已经表现得十分明显，并且其厌恶表情的表达也更为夸张。宝宝1岁左右时，对食物、玩具以及周围的事物都会表现出明显的偏好，对于他不喜欢的东西，他会用手推开，或者干脆将它扔到一边。

照顾好宝宝的情绪

人类的基本情绪虽然是先天的，但它会在后天的社会环境中分化发展，因而情绪又是社会的产物，是生物与社会共同作用的结果。一个人的情绪对其身心活动和身心成长有着重大的影响。所以，在宝宝生命之初，爸爸妈妈应给宝宝的情绪以温暖的照顾和呵护，以使宝宝时时保持健康、积极而又乐观愉快的情绪。

对于1岁的宝宝来说，及时满足他的各种需求是保持良好情绪的根本。如宝宝饿了、尿了、困了，要及时给宝宝哺乳，为宝宝清洗干净，哄宝宝睡觉等，这些生理上的满足会让宝宝感到舒适，从而使他的情绪稳定。除了生理上的需求，宝宝的心理需求也是不可忽视的，需要爸爸妈妈及时给予应答和抚慰。宝宝在妈妈肚子里的时候听惯了心跳，喜欢和成人皮肤有温暖的接触，所以爸爸妈妈不妨多拥抱和抚摸宝宝。通过肌肤接触，宝宝会感受到爸爸妈妈的疼爱和关怀。还可以多和宝宝说说话，宝宝此时可能还不能完全明白其中的含义，但透过你温柔的话语，宝宝接收到了你传递给他的爱的信息。这都会使宝宝产生对爸爸妈妈的信任，获得充分的安全感，从而产生愉悦情绪，能为宝宝情绪的发展奠定良好基础。

照顾好宝宝的情绪，还需要爸爸妈妈建立高度的“敏感性”。这种敏感性是指爸爸妈妈在照料宝宝过程中的注意能力，也就是对宝宝喜怒哀乐的情绪，要及时地感觉和捕捉。宝宝的情绪会通过哭、笑及各种肢体语言和表情表达出来，细心的爸爸妈妈要能够比较准确地判断出宝宝在向你传达什么信息，然后进行相应的处理。这对宝宝健康情绪的发展，有着极为重要的意义。

在宝宝6个月之前，最好能让宝宝睡在妈妈身边，这样妈妈可以适时地拍拍、哄哄、抱抱他，或者给宝宝唱一首摇篮曲，让宝宝心满意足地安然入睡。如果从小让宝宝离开妈妈，当他需要听到妈妈的声音、嗅到妈妈身上的气味、得到妈妈的精心照料，却得不到应有的满足时，就会产生不安全感。这种对于世界的不信任，会影响宝宝的情绪，从而使他产生更多的负面情绪，这对宝宝的发展极为不利。

良好的依恋也能使宝宝获得愉快的情绪。从6个月开始，宝宝出现了对亲人的依恋情绪。他最喜欢和亲近的人接近，这会给宝宝带来舒服、愉快和安全的情绪。因此，在这个阶段，爸爸妈妈应给予宝宝更多的关怀。生活中可以给予宝宝细心的护理，多用身体接触宝宝，如抚摸、搂抱、亲吻等，以使宝宝产生愉快的情绪。当宝宝表现出对爸爸妈妈的强烈依恋时，要满足宝宝的这种依恋，这样宝宝才会获得安全感。在以后遇到陌生环境时，宝宝才不至于产生过分惧怕和焦虑的情绪，并愿意和别人交往，而且能很快地适应新环境。

要想宝宝心情愉悦，情绪稳定，爸爸妈妈先要有一个阳光灿烂的好心情，把每一天的生活布置得多姿多彩。否则，宝宝会因受到爸爸妈妈紧张、忧虑情绪的影响，而显得不安、退缩。所以，爸爸妈妈与宝宝在一起时，应该把所有的烦恼和不愉快抛到脑后，心情尽量放轻松，和宝宝一起度过快乐温馨的亲子时光，这才是培养宝宝良好情绪的关键。

幼儿情绪的发展是一个累进的过程，越是那些具备愉快经验的孩子，就越能处理不悦的情绪。也就是说，宝宝越是生活在愉快的情绪中，他越具有抵御负面情绪的能力。因此爸爸妈妈应悉心照顾好宝宝的情绪，试着走进他们的内心世界，让宝宝成长得更健康、更顺利。

CHAPTER 02

宠溺与爱——和1岁幼儿的相处与沟通

宠溺与爱是父母给1岁幼儿最好的礼物，当然，这份礼物也能给幼儿和父母带来友好而积极的相处与沟通。1岁的小宝宝，还没有建立任何评价系统，所以就算爸爸妈妈再怎么宠溺他、爱他，也不必担心教坏他。相反，1岁的幼儿很需要这种无尽的宠溺与爱。

别对他说“不”，只需“转移”

1岁宝宝也“添堵”

1岁宝宝固然可爱，但是他们有些时候也会给爸爸妈妈“添堵”，令爸爸妈妈很为难。好奇心强的宝宝对生活中的一切事物都很感兴趣，他们的小手小脚一刻不肯闲着，只要自己感兴趣的东西，他们是不计危险的，他们也不知道什么是危险。

宝宝特别喜欢一些小的缝隙或孔洞，见到栅栏，他们的小脑袋就探进去玩钻来钻去的游戏，见到地漏洞，他的小脚丫就想伸进去。最喜欢玩的是用小手指去捅电源插孔，如果小手指头捅不进去，还会利用“工具”，如钉子、毛衣针等去捅捅戳戳。如此危险的举止，哪个爸爸妈妈不被吓出一身冷汗？哪个不是当机立断地飞身去阻止？

可是阻止的效果却不佳，宝宝要么屡阻屡犯，要么执拗地坚持下去。对于1岁的宝宝来说，爸爸妈妈的“不”是很令他们不愉快的。许多有经验的爸爸妈妈很少采取说“不”的方法进行制止，其实只需转移他的注意力即可。

当爸爸强硬地把宝宝抱起离开电源插孔前，把他放到一边强迫他玩皮球时，宝宝哭闹着将皮球踢走，非要回到电源前。这时，妈妈突然出现，兴高采烈地对着哭泣的宝宝抬手指向窗外说："快看，宝宝，那只小鸟好可爱哦！"宝宝立即止住哭声，赶紧扭头去看"可爱的小鸟"。当他看到小鸟时，脸上立刻现出欣喜的笑容，泪珠还挂在脸上，就立马欢天喜地起来。

别让爸爸妈妈的"不"伤害了宝宝

1岁的宝宝就是这样，他们正处在探索期，因行为发展与认知的程度不同，还不知道爸爸妈妈的"不"对他们意味着什么。如果爸爸妈妈的"不"说得太早，就会剥夺他们自主学习的机会，宝宝的探索兴趣就会被人为阻止，非但起不到应有的效果，还会让宝宝感到迷惑与惊吓，从而失去修正行为的意义。当宝宝听到爸爸妈妈的"不"时，内心会充满挫折感，从而降低对外界事物的好奇心。爸爸妈妈真正应该做的是鼓励宝宝不断向外伸展，让他们到处走动，自由地探索学习，以培养宝宝健康向上的态度与性格。

时常对宝宝说"不"，不但会阻碍宝宝探索学习，也会导致日常生活中亲子关系日益紧张。有些爸爸妈妈觉得从小要对宝宝严加管教，以树立起做家长的威信，否则自以为了不起的小家伙就会完全不把父母的权威放在眼里，失去对孩子的控制能力，于是"不许""不能"等"不"频频会从嘴边溜出来。而孩子呢，要不就是被一连串的"不"压得缩手缩脚，要不就是更加强烈地想要做这件事，坚决地与父母对抗，气得爸爸妈妈七窍生烟。

其实，对于1岁的宝宝来说，对他说"不"，有时他也不见得明白是什么意思，或者即使明白，也缺乏管束自己的能力，还是没办法遵守爸爸妈妈的"不"。爸爸妈妈与其大声地吼叫说"不"，不如采用转移法，将其对正在进行的不当或危险行为的注意力转移，这样既解决了实际问题，宝宝也没有了挫折感，结果是皆大欢喜。

对1岁宝宝巧用转移

1岁宝宝的注意力很容易受到周围环境的影响，不管他在干什么，多数是三分钟热度，旁边有什么好玩的事就会让他忘记自己的初衷。正在吃饭时，窗前有小鸟飞过，他就放下饭碗去看个究竟，直到小鸟没有了踪迹。正在看图画书的时候，忽然听到电视里的声音，于是丢下手中的图画书，赶紧跑到电视机前去看电视了。所以，对待1岁的宝宝，无论碰到多么棘手的管教问题，只要把他的目标转移，他很容易就会被新的事物影响而忘记过去，哪怕是在1分钟前刚刚发生的事情。这就是为什么他们一看到有趣的东西，就会立刻破涕为笑的原因。爸爸妈妈可以利用宝宝这一特点，在他提出无理要求时，巧妙地将其注意力转移到另外一件事情上，他们将绝对不再纠缠过去。

对于1岁的宝宝来说，他们还没有那么深的“城府”，即便再执拗，再不讲道理，都可以采取转移注意力的方法来对付这个可爱的小人。当宝宝摇摇晃晃地向电源插孔走去时，先大声叫他的名字，他肯定会暂停一下，这就分散了他对电源的注意力，然后表情夸张地指着门后说：“快看，有一只小老鼠好像藏在了那里！”宝宝一定会转向门后去找“小老鼠”，因为“小老鼠”是他最新的感兴趣的目标。

分散宝宝注意力的方法有很多，当宝宝停留在一个地方淘气的时候，爸爸妈妈只需说：“走吧！”宝宝就会停下来，跟随爸爸妈妈向前走去。这看上去比较简单的话语，其实是一种提示信号，诱导他的思维和肢体改变了方向。在引导的同时，只说了还不行，爸爸妈妈还必须继续做下去，如带他去前面的游乐场，或者去玩一会儿皮球，或者和他一起去寻找可爱的小猫咪。如果爸爸妈妈只说不做，就会失去宝宝的信任。于是，爸爸妈妈也就失去了一个有用的管教手段。

转移注意力是让1岁宝宝远离被禁止物品或行为的最有效方法，爸爸妈妈平时身边不妨准备一些随时可以拿给他的东西，例如一串钥匙、一个链条、一只小玩具等。当他们在玩危险的游戏时，可以把这些物品递给他，让他抖动几下听听钥匙碰撞的响声，或者摆弄摆弄手中的小玩具，他就会满怀热情地把注意力倾注在玩上面了。

1岁的孩子就像是一个不想受拘束的小动物，他们对世界上的任何东西都充满了好奇，总想去亲自发现和体验，不管结果是怎么样的，过程对他们来说才是最重要的，也是过程让他们体会到事物的奇妙。爸爸妈妈不管出于什么目的，如果让孩子总是在“不行”“不要”“不能”的制止声中游戏、玩耍，那么不管多大的孩子，都必然会出现逆反的心理，从而导致亲子沟通的不顺畅。因此，对1岁宝宝无须说“不”，温和的转移也会对宝宝的行为起到良好的约束，而爸爸妈妈的聪明和技巧会使宝宝在大多数时候都与爸爸妈妈乖乖地合作。

尽可能多的肢体接触

最温暖的怀抱

4个月的宝宝躺在妈妈温暖的怀里，一种吃饱后的满足感写在粉嫩的小脸上，他仰着小脸看着妈妈，嘴角上还挂着甜甜的微笑。

妈妈亲亲宝宝，对宝宝说："妈妈过一会儿就来陪宝宝，乖，宝宝自己先躺一会儿。"宝宝依然安静地看着妈妈，似乎听懂了妈妈的话。可是，当妈妈把他放到床上，准备离开时，他"哇"地一声大哭起来，不让妈妈离开。妈妈只好又把他抱了起来。

对于宝宝的这种纠缠劲儿，妈妈很是苦恼。宝宝总是想赖在妈妈的怀里，等他大些的时候，能听懂了妈妈的话，也能下地走了，还是常常要求妈妈抱一抱。如果妈妈不抱，他就会一脸的不高兴。当妈妈将他抱在怀里，哪怕是只有一两分钟，小家伙也会十分高兴，然后心满意足地下到地上独自玩耍去了。

对于宝宝的这种"赖皮"，有的爸爸妈妈会归咎于宝宝对父母的依赖，觉得是他不能自立的表现。其实，宝宝的这种要求一点儿都不过分，他们渴望和爸爸妈妈肌肤接触是一种特殊的需要。

曾经有这样一对年轻的夫妇，由于工作忙，单位离家又远，每天早出晚归，无暇与孩子亲密接触。每当他们下班回到家时，孩子早已进入了甜蜜的梦乡。他们为此感到很内疚，觉得对不起孩子，于是在双休日时总是给孩子买来许多孩子喜欢的食品和玩具。可没有想到的是，小家伙却一点儿也不领情，把食品和玩具又砸又摔。气急了的爸爸就狠狠地打了孩子的屁股，孩子却静静地趴在爸爸的腿上，小脸呈现出十分满足的样子，任凭爸爸的手掌与自己的小屁股“亲密接吻”。孩子这是怎么了？这令爸爸妈妈感到大惑不解。

正如宝宝的胃肠，如果缺少了食物就会感到饥饿一样，他的皮肤缺少了爸爸妈妈充满爱和温暖的抚摸，也会感到“饥肠辘辘”。胃肠的饥饿，会影响宝宝身体的成长和发育，而“皮肤饥饿”带给宝宝的除了心理的不健康以外，还会妨碍其智力的发育。

肢体接触，宝宝成长的心理营养素

人类和所有热血动物一样，有着相互接触和抚摸的需求，尤其是对于幼小的婴儿来说，这种需求显得尤为强烈。当妈妈给小婴儿哺乳时，拥抱着宝宝，跟他说说话，亲亲他的小脸蛋，这样，宝宝在满足基本生理需求的同时，又得到了充分的肢体接触。这会对宝宝的心理产生良好的刺激，大脑的兴奋和抑制也会变得十分自然协调，同时能促进宝宝大脑的发育和智力的提高，还会使宝宝形成对妈妈、对家人的挚爱感，并且不断学习妈妈身上所表现出来的特性。如果妈妈由于种种原因而缺乏对宝宝的关爱和照料，使宝宝得不到妈妈温柔的抚摸和肢体接触，那么，宝宝的身心发育就会比较迟缓，没有生气，情绪反应迟钝，并且容易在以后与人交往时产生障碍。

爸爸妈妈在生活中要尽可能多地与宝宝进行肢体接触，通过感情交流，消除宝宝心理上的情感饥饿，以使他们获得心理上的满足感。肢体接触往往能比语言更好地表情达意，使亲子间的沟通更加顺畅。一个瞬间的拥抱，一个深情的爱抚，一个甜蜜的亲吻，犹如一股爱的暖流，令宝宝感到温暖和幸福。每天抱抱宝宝，定时用手轻轻抚摸宝宝的头、背部、小手、肩膀、胳膊等，都能满足宝宝对皮肤饥饿的要求，满足宝宝的心理需要。而这种需求无法从饮食中得到满足，它是宝宝成长发育的心理营养素。

那些很少和爸爸妈妈在一起的宝宝，由于经常得不到爸爸妈妈的爱抚、搂抱，便喜欢在睡前抱枕头、抓衣服，否则宝宝就不容易入睡或哭闹不止。这说明他们的心理需求极度缺乏，安全感过少。肢体接触也是一种“安慰剂”，能起到减轻痛苦和恐惧的作用。当宝宝玩耍时不小心跌倒，只要爸爸妈妈将他抱起来，用嘴“吹吹”或亲吻一下他的痛处，小宝宝很快就会破涕为笑。雷雨天只要宝宝投入爸爸妈妈的怀抱，再大声的电闪雷鸣也吓不到宝宝。宝宝感到劳累时，爸爸妈妈紧紧地将他拥入怀中，他们就会感到安全而又舒适。在爸爸妈妈轻柔的抚摸搂抱中，宝宝心中没有了恐惧，安全感慢慢建立起来。这是宝宝天然的情感需要，如果能给予适当的满足，宝宝与爸爸妈妈的感情就会更加深厚。

多与宝宝肢体接触

宝宝从一出生就有了强烈的接受爱抚的要求，而爱抚的方式就是身体之爱，它是最明显、也是最基本的爱孩子的方式。毫无疑问，爸爸妈妈能给予宝宝最多的爱抚，如与宝宝肌肤相亲，多拥抱、抚摸、亲吻宝宝，爸爸妈妈只有不断地以各种方式向宝宝表达爱意，才能满足宝宝这个强烈而美好的需求。

对于1岁的宝宝而言，温馨、和睦的家庭氛围是解除“皮肤饥饿”的大环境。在这样的环境中，如果宝宝经常能获得爸爸妈妈的拥抱、亲吻和温暖的话语抚慰，就可以使宝宝心情愉悦，享受温馨亲密无间的爱，增强宝宝的心理素质，容易养成良好的性格。

母乳不仅营养成分丰富，容易消化吸收，适合婴儿生长的需要，更是婴儿最理想的“天然食品”，所以要让宝宝充分享受母乳的甘甜。而且通过哺乳，可以增加宝宝与妈妈之间的肢体接触，增进母子间的亲子感情。宝宝在妈妈温暖的怀抱中，安静地“享受”着甘甜的乳汁，对促进身心健康、解除“皮肤饥饿”大有裨益。

1岁的宝宝需要与爸爸妈妈有更多的肌肤接触，因此，爸爸妈妈随时随地都可以创造与宝宝肢体接触的机会。如和宝宝做游戏时，可以玩一些像“斗斗飞”“拉大锯”“挠一挠”等抚摸手的游戏，多抚摸他的小手；还可以舒展他的手、牵拉他的手、亲亲他的手、用脸去贴他的小手等，这些都可以使宝宝感受到爱，使肌肤得到抚慰的满足。多摸摸宝宝的头，不仅可以解决“皮肤饥饿”，还有利于宝宝情绪的稳定。当孩子受到什么惊吓，或是受到点儿什么委屈时，摸摸他的头，会使他很快镇静下来。宝宝的小脸也是妈妈要经常给予抚慰的部位，多贴贴、亲亲宝宝的脸，能给宝宝一个好情绪和好兴致。因为脸部的神经最发达，多亲亲他的小脸蛋，宝宝一定会眉宇舒展，喜笑颜开。

每天给宝宝做1～2次的全身抚触按摩也是必不可少的，除了促进宝宝身体的发育，还能让宝宝体验与父母的肌肤相亲。妈妈可边抚摸边哼些儿歌，让宝宝在融融的慈爱中接受妈妈轻轻的爱抚。几个月的小宝宝，由于头颈及上肢的力量还不够，不能较长时间俯卧，所以抚摸的顺序是先让宝宝仰卧，从头脸开始，然后是腹部和四肢。待宝宝稍大些，可以让他俯卧，从宝宝的头部开始，依次轻轻按摩宝宝的颈部、背部、腿部、手臂等。妈妈温柔的抚摸会让宝宝感到舒服、畅快，并且感受到妈妈传递给他的暖暖的爱。

以肌肤相亲的方式赞赏和鼓励1岁宝宝，往往比语言更加有力，也更容易滋润宝宝的心田。当宝宝做出点让爸爸妈妈高兴的事，或是做出他自己感到得意的事情时，爸爸妈妈可以亲亲他的小脸蛋，拍拍他的肩膀，宝宝便会接受到来自爸爸妈妈的赞赏与鼓励。

给他找一些1岁的小朋友

宝宝喜欢小朋友

宝宝会走了，他高兴地在房间里走来走去，对什么都想摸摸，哪里都想看看。有时他站在床上向更广阔的外面看去。当妈妈带他出门时，神情自然是欢愉的，他喜欢户外的景物。他的心里还有一个说不出来的小秘密，那就是去找和自己同样大的小朋友。

当妈妈和宝宝来到公园里时，有那么多好玩的东西令他眼花缭乱，可是当宝宝看到和自己差不多的孩子时，世间一切的诱惑都不存在了，他只在意看年龄相仿的小朋友。如果两个牵着孩子手的妈妈都停下来，两个小宝宝自然会相互看着，试探着走到一起，一会儿就能混熟。

1岁的宝宝已经有了一定的活动能力，他对周围的世界有了更广泛的兴趣，产生了与人交往的社会需求和强烈的好奇心，尤其喜欢和同龄的小朋友一起玩耍。其实，宝宝在几个月时就有了与同伴交往的愿望和兴趣。

与人交往，宝宝的情感需要

宝宝从小就表现出与人交往的需要。1个月的小婴儿就喜欢看人脸，听人说话的声音，能与别人的目光交接，看到有人来到他身边就会安静下来。醒着的时候如果视野里没有人，就会显得不安。2～3个月时，他会对着妈妈笑，嘴里还会发出类似“啊”“哦”这样的声音。每当他见到妈妈或自己所熟悉的人时，总是注视着他的脸，手脚乱动起来，脸上现出渴望的微笑。也是从这时开始，宝宝表现出对同伴的关注，如社会性的微笑、头部动作的控制等。6个月以后，他可以直接用表情和动作与同伴进行交往，如微笑着注视对方，而对方也常常模仿这种方式将信息返回。9个月的宝宝彼此之间注视的时间越来越长，还会用微笑、手指动作和咿呀儿语来与对方进行交流，而且常常会得到其游戏伙伴的连续反应和模仿。待宝宝1岁左右时，他能有意指向同伴，向同伴微笑、皱眉并使用手势与其交流，能够仔细观察同伴，他对社会性交往有了越来越明显的兴趣。

对于宝宝的社交需要，爸爸妈妈一定要仔细地体察宝宝，准确地捕捉、判断各种需求信息，并尽力给予宝宝相应的满足。当宝宝的这种交往需要得到满足时，他往往特别高兴，并且能使他获得安全感、幸福感，这有利于宝宝的智力和情趣发展，宝宝长大后就会成为一个性格开朗、有良好交际能力、受欢迎的人。反之，宝宝的需求如果得不到关注，缺少正常的人际交往，久而久之，就会变得表情呆滞和淡漠，在以后的人际交往中容易出现拘谨胆小、害羞怕生、孤僻退缩，或以自我为中心、不能合作等不良性格特征。因此，爸爸妈妈应正确认识幼儿与人交往的需要，有意识地为他创设交往的条件，满足宝宝情感上的需要。

为宝宝找些小朋友

宝宝与他人的交往也像他对环境的好奇一样，需要有机会学习，才能建立和发展起来。1岁左右的宝宝，大多学会了走路，也能用些简单的词与人交流，而且对所有的人和事物都表现出好奇，这正是鼓励他与别的孩子交往的大好时机。

宝宝在成长过程中是不能缺少玩伴的，同龄孩子之间有他们共同的语言和沟通方式，是一种地位完全平等的交流。宝宝之间会互相学习，一起“切磋”玩技，就算宝宝跟别的小朋友玩不到一起，这种体验也和宝宝自己一个人玩时的效果截然不同。

给1岁宝宝找些小朋友是爸爸妈妈的“功课”，孩子们在一起玩耍，是他们建立社交的开始。爸爸妈妈可以招待同龄的孩子到家里来，或带宝宝到有小孩的朋友家去做客。这时的宝宝可能还不知道怎样与小朋友打交道，但从看见新面孔、相互接触、交换玩具这些简单的活动中，他就能得到很多快乐。

从现在开始，每星期至少让宝宝有两三次机会与其他年龄相仿的孩子在一起玩耍。让宝宝用自己的方式去接受别人，爸爸妈妈可以在旁边悄悄地鼓励，但不要强迫他用某种方式去认识别人。宝宝只有经过尝试，才会找到适合自己的方法。

两个经常在一起玩的小朋友，他们相互间的情感也是深厚的。当两个孩子恋恋不舍地道别时，他们心里还在惦记着明天相见。1岁的孩子还不能用语言很流畅地沟通，他们见面时会用欣喜的笑、欢快的动作来表示。不用担心他们玩不到一块去，尽管他们在一起各自玩自己的玩具，但是如果一方离开，另一方则会出现焦虑的表情。如果小朋友走开了，宝宝会哭着、喊着还要小朋友回来跟他一起玩，这些都充分表明，宝宝已经有了初步的交往意识和参与意识。

1岁的宝宝虽然喜欢独自游戏，但是他们都喜欢玩别的小朋友的玩具。宝宝会非常高兴地摸一摸小朋友的皮球，抱一抱小朋友的布娃娃。当然，宝宝也会把自己的玩具，让小朋友玩，即使是一直拿着玩具不放手的宝宝，当小朋友把手伸到他的面前时，宝宝也会把玩具递给小朋友。1岁前的宝宝还是很大方的，他们的“自私”在将近两岁时才会出现。

在鼓励宝宝与同龄小伙伴交往时，要充分利用这个阶段宝宝“大方”的性格特征，让他学会与人分享。告诉宝宝，大家一起交换玩具也是一种乐趣，让宝宝体会到一个玩具是可以一起玩或者轮流着玩的。多带宝宝到小朋友多的地方去，不要忘记让宝宝带上有趣的玩具，这样可以吸引别的小朋友的注意力，说不定正是宝宝的玩具吸引了小朋友来和他友好交往。

做好小宝宝的“保镖”

还没有安全意识的小人

宝宝1岁了，他的各方面能力都有了提高。在以前只能让妈妈代劳的事情，如走来走去、爬上爬下、搬个小板凳等，现在他都可以独自操作了。于是，他心里感到自己很了不起。

家里来了客人，妈妈把宝宝留在卧室里，给他放了满地板的玩具，觉得这些玩具够宝宝玩上半天了。看宝宝安静地玩着玩具，妈妈便放心地去客厅陪客人天南海北地聊天了。

客厅中的妈妈同客人都忘记了宝宝的存在，当她们转到孩子的话题上时，妈妈才惊呼着，想起了自己刚1岁的宝宝还独自留在卧室里。当她们跑到卧室看时，地上散乱地扔了许多玩具，宝宝竟然不见了。

原来，宝宝可没像妈妈设想的那样，他玩了一会儿玩具就感到厌烦了，抬头看见一只小鸟落在窗台上唧唧喳喳地叫着，觉得小鸟是在邀请自己去玩，于是就放下手中的玩具，借助小凳子爬到床上，然后踩着床上了窗台。也许是受到了惊吓，小鸟一下子飞到了树上。当妈妈走进屋时，宝宝正坐在窗台上，双手拍着窗子邀请小鸟过来一起玩。听到妈妈进来，他还扭头冲妈妈高兴地叫着，似乎在炫耀着自己的本领有多大。

妈妈惊出了一身冷汗，赶紧把宝宝从窗台上抱了下来，紧紧地搂在怀里，不住地亲着他的小脸蛋，后怕地说："这可是17楼啊！"

开始幻想自己无所不能

1岁左右的宝宝是最难带的，随着各种能力的提高，他们告别躺卧时代，活动范围开始扩大。在到处走走看看的过程中，他逐渐产生了无所不能的飘飘然感。想吃，自己能用手或小勺将食物送进嘴里；想喝水，也能双手捧着杯子独自饮用；想去哪里，抬脚就可以自己走过去……在他小小的世界里，他认为自己拥有了一切，也能够控制一切了。

于是，他发现自己无所不能，想怎样就能怎样。离开爸爸妈妈的监护，他们在好奇心的驱使下，总是无所畏忌地肆意折腾着。爸爸妈妈一个不留神，他就可能闯出弥天大祸来，他不知道插座里面是有电的，不知道人体是导电的，小手指头总想往插孔里捅捅。热气腾腾的水壶总是令他着迷，他不知道开水是烫的，能把他的皮肤烫伤，只要没有人时，他就欲掀开壶盖研究一番。看到高高的书架上面的摆件，他搬个小凳子就想摇摇晃晃地爬到书架上把它们拿下来把玩一番。

宝宝这种"无所不能"的幻想着实令爸爸妈妈头疼，但1岁幼儿的这种"无所不能"感对自己的心理发育过程却是非常有利的。这种感觉可以帮他应对分离、成长带来的恐惧感，使他更大胆地探索，并且学会自主和独立。因此，爸爸妈妈要保护好宝宝这种"无所不能"的状态。这种状态保护得好，能让宝宝发展出更多的能力，充分体验成就感，进而产生强大的自信。如果打破了宝宝的这种"无所不能"感，破坏了他独自探索世界的兴趣，则会带给宝宝许多创伤性的体验，从而使他变得依赖、胆小、退缩，成为一个没有创新意识的人。

为宝宝的成长保驾护航

“无所不能”的1岁宝宝不知道什么是危险，凡事喜欢亲力亲为，参与感十分强烈。由于他们对生活常识的匮乏，加之无所畏惧的莽撞，很容易在玩耍过程中出现危险。所以，爸爸妈妈在保护好宝宝这种“无所不能”感的同时，更要做好他们的“保镖”，保证宝宝的安全。

1岁宝宝的活动空间大多还是以家中为主，于是，为宝宝创设一个安全舒适的居家环境就显得格外重要了。客厅里的落地台灯和电视的电源插座，一般距离地面都不是很高，1岁宝宝轻而易举就可以触摸到。虽说电源插座都在比较偏僻的角落里，可探索兴趣旺盛的1岁宝宝就喜欢往边角的地方钻，并且此时的他对小孔、小洞颇为着迷。所以，爸爸妈妈一定要严加防范，可以在电源插座上插上安全电源插座护盖，或者在电源插座不用时插入安全隔离插销，对于那些暂时不用的插座也可以贴上胶布。这样宝宝的小手指就无法伸进去了。

此时的宝宝刚刚学会独自行走，比较容易摔跟头，爸爸妈妈应尽量选择椭圆边的家具。如果家具有尖锐角外露，可以贴上海绵或橡胶皮，给尖角加上护套。同时诱导宝宝在比较宽敞的地方玩耍，以防止出现碰撞意外。

随着宝宝活动能力的不断增加，活动范围也不断扩大，为了安全起见，爸爸妈妈要将刀、剪刀、毛衣针等尖锐锋利的危险品收妥，以免宝宝拿到后模仿大人而胡乱摆弄误伤了自己。此外，家中的热水瓶、装有热水的杯子、刚用完的电熨斗以及刚从火上取下来的锅、茶壶等，都应放在适当的地方，以确保宝宝不能碰触到。这个阶段的宝宝还喜欢用嘴来品尝，不管什么东西都想往嘴里放，对于那些纽扣、玻璃球、棋子、药片、豆子等体积较小的东西，或是化学清洁剂、洗涤剂等危险品也要放到宝宝够不着的地方，以防宝宝误入口中，造成伤害。

大多数家庭的门把手采用的都是金属材质，还略带些棱角，这会使宝宝在活动中误碰了小脑袋。并且1岁的宝宝还热衷于开门、关门，硬木的门边又容易夹伤宝宝的小手指。为了宝宝不出意外，爸爸妈妈一定要消除掉这些不起眼的安全隐患。可以用废旧的布头和棉花做成漂亮的卡通形状的把手套，套在门把手上，这样既降低了宝宝头部被碰伤的危险，又起到了美化装饰的作用。还要在门边装上安全门夹，以固定门的开关程度，这样宝宝在来回开关门时就不会误伤手脚了。

此外，家中的窗户边不要放桌子、凳子、沙发、床等家具，这样可以阻止宝宝借助这些家具爬上窗台。而且窗户上最好还要安装防护网或防护栏杆，以防止爬上窗台的宝宝在玩耍时坠落。

自认为“无所不能”的1岁宝宝毕竟还太小，他需要爸爸妈妈无时无刻地精心呵护与照顾。因此，爸爸妈妈要做好小宝宝的“保镖”，为他的成长保驾护航，以使他能在“无所不能”的状态下自由探索。

理解孩子传达的信息

误解，会让宝宝更着急

宝宝的哭声把正忙着做家务的妈妈召唤进来，她以为宝宝饿了，于是赶紧把奶瓶拿过来，麻利地冲好一杯温度适宜、香甜可口的奶，一边摇晃着奶瓶一边安慰着宝宝："乖，宝宝就要有饭儿吃了！"

宝宝坐在床上，对递过来的奶瓶不感兴趣，把头一歪，依旧哭着。显然，妈妈没有猜对宝宝传递的信息。妈妈把奶瓶塞到宝宝的手里，顺便把玩具狗拿了过来，在宝宝的面前晃来晃去，想引逗宝宝发笑。然而宝宝还是大哭，这回把奶瓶都扔到了一边，气得他两只小脚丫乱蹬床单，这意思是再明白不过了，他的需求并不是这些。

妈妈有些发愁了，看宝宝身下的床单很干爽，大小便都没有，看样子又不像是哪里不舒服，怎么就止不住哭了呢？她把宝宝抱了起来，对宝宝说："宝宝指指看，要妈妈做什么？"宝宝这才不哭了，小手指向门后，当他们过去后妈妈才发现，原来是宝宝的花皮球掉在了这里。当宝宝拿到花皮球时，又高兴地玩了起来，脸上的泪痕还挂在那里，像一颗晶莹剔透的小露珠。

细心的妈妈总是能及时发现宝宝的细微变化，而粗心的妈妈却觉得宝宝只要没大哭大叫就没有什么问题。正在妈妈怀里吃奶的宝宝，突然抬起了小脚，做了一个踩刹车的动作。粗心的妈妈没有感觉到有什么异样，仍旧手扶着奶瓶看着宝宝吸吮着。这时宝宝把小手放到了妈妈拿着奶瓶的那只手上，并推开了一点儿，开始咳嗽起来。这证明他呛着了，因为奶瓶出奶太快了。如果宝宝当初的蹬腿动作和小手推妈妈的动作被妈妈读懂，及时调整姿势，宝宝就不会被呛着奶了。

读懂宝宝的小心思

1岁的宝宝还不能把自己的需求完全表达出来，他们多是用哭声来提出需求。有些宝宝之所以总爱哭闹，并不是他天生就爱给人添乱，而是他的需求没有被爸爸妈妈理解，更没有及时得到满足。一开始在提要求时，宝宝的哭声并没有很强烈，而到了大哭大闹的地步，多数是愤怒到了极点。

当宝宝坐在床上，看着忙来忙去的妈妈，嘴里发出哼哼的声音时，许多妈妈都会不以为意，仍旧忙着自己的事情，顶多是冲孩子笑笑来表示妈妈听到了他的声音，并不过去问个究竟。这时，宝宝的身体扭来扭去，哼哼唧唧的声音更大了，后来就哭闹起来了，甚至把身边的玩具扔到了地上。宝宝想要表达的是什么意思呢？他的需求是“我不想一个人坐在床上了，我要找妈妈，我要妈妈抱，可妈妈就是不理我，气死我了。因此我哭，我闹！我就是要妈妈的怀抱”。如果妈妈读懂了宝宝的需求，在他第一次哼哼的时候就过来搂一下宝宝，亲一下宝宝的脸，停留几分钟后再起身做事去，宝宝就不会哭闹下去了，因为他的愿望得到了满足。小宝宝也是通情达理的。

1岁的宝宝需要爸爸妈妈费更多的心思，不要频频误读宝宝传递的信息，这不利于宝宝的成长，特别是对性格的形成。不被爸爸妈妈读懂，宝宝肯定会很着急，长此以往，宝宝就失去了耐性，容易养成火爆的脾气性格。

由于受能力的限制，1岁的小宝宝还不会用语言和爸爸妈妈交流和沟通，所以在生活中，爸爸妈妈要做一个有心人，善于发现和理解宝宝传递的信息，这样，才能使爸爸妈妈和宝宝之间的沟通更顺畅。

1岁的宝宝虽小，但是也具有完整的人格，他们有自己的需要、情感和愿望。此时的宝宝除了被照料外，更需要被理解。对于那些生活在一个理解他的环境中的宝宝，他会感到自己是幸福的，爸爸妈妈及时的信息反馈，利于他们建立自信，也利于良好的性格形成。

宝宝哭，宝宝笑，宝宝哼哼唧唧，这些都是宝宝在跟爸爸妈妈沟通。对宝宝表达出来的这些感情，爸爸妈妈如果能读懂，并作出及时的反应，不仅有利于他们的情感发展，而且还能帮助宝宝学会信任和喜爱爸爸妈妈。

架起与宝宝沟通的桥梁

不要小瞧宝宝的理解能力，他们除了吃和睡，还无时无刻不在试图和周围的世界建立联系。只要宝宝睡醒，他们就开始和爸爸妈妈进行沟通。刚出生不久的小宝宝在吃饱喝足后，喜欢和爸爸妈妈对视，喜欢妈妈甜甜的声音，爱看妈妈的笑脸，他还会用微笑回应。当爸爸妈妈把他抱起来时，他的眼睛会到处看看，那是在享受这个美丽的世界。因此，爸爸妈妈一定要注意观察和理解宝宝表情、姿势、动作中所传达的信息，并要读得透，弄得懂，及时予以回应。

在语言不能顺利应用的时候，宝宝比较容易哭闹，发脾气。这是因为他的需求被爸爸妈妈一再误解和延误造成的。爸爸妈妈及时与宝宝沟通，可以帮助宝宝顺利发展情绪技能和社会技能。对能引起宝宝兴趣的事情，就要不遗余力地去支持他，妈妈也要显示出极大的兴趣。宝宝指着鱼缸里的金鱼，妈妈不仅要陪他看，还要对他说有关金鱼的话语，让宝宝开开心心的，自然就少了哭闹。

对家中可爱的1岁小宝宝，爸爸妈妈应该用观察的心态去倾听宝宝的需求，即使一时听不懂他的“咿咿呀呀”，看不懂他的比比画画，也不要显示出焦躁的心态，这样宝宝就更“说”不清楚了，反而引起宝宝的急躁心理。只要爸爸妈妈有足够的耐心和细心，花时间去倾听、去观察、去理解宝宝，就能读懂猜透他的小心思。其实，1岁宝宝的需求很容易满足，无非是吃、喝、玩、乐。俗话说，自己的孩子自己懂。这说明长期和宝宝在一起，他的一言一行都在爸爸妈妈的掌控之中了。所以，只要爸爸妈妈做一个有心人，就一定能捕捉到并理解宝宝传达给你的需求信息，以便及时给予宝宝准确的回应和满足。

总之，爸爸妈妈要尽快进入角色，不能像从前过二人世界时那样没心没肺了。小宝宝可不会那么有耐性，对其置之不理更是不可以。仔细观察宝宝的一举一动能让爸爸妈妈有的放矢地进行教养。养育宝宝并不只是保证宝宝吃饱穿暖，促进宝宝身心和智能方面的发展也是十分重要的。当宝宝觉得自己被理解，被爸爸妈妈正确回应时，自信心也能因此建立。有了宝宝，爸爸妈妈就多了一份责任，仔细去看宝宝在做什么，去听宝宝在说什么，去了解宝宝探索世界的特有方式吧！只有对宝宝悉心照料、仔细观察，和宝宝进行无障碍的沟通，让宝宝生活在幸福温馨的环境中，他才能快乐地成长。

微笑是最好的语言

妈妈的微笑，令宝宝陶醉

妈妈把宝宝抱在怀里，母子俩通过眼睛交流，看到妈妈愉悦的笑脸，宝宝嘴角挂着舒心的微笑，他很满意妈妈的微笑，稚气的大眼睛一直盯着妈妈的眼睛看，觉得妈妈的眼睛比花朵还要美丽。

妈妈的微笑是宝宝的开心果，几个月大的宝宝最喜欢看到妈妈的笑脸，在他不能开口讲话前，宝宝多数用微笑来表示自己的愉悦。有心的妈妈总是能用微笑安抚宝宝，因为在亲子沟通中，他们常用微笑来满足对方的心理需求。

可以说，多对宝宝微笑，是与宝宝交流时最好的语言，是心灵交汇的桥梁。微笑是人类最基本的动作，是表达感情最温柔的手段，它和语言一样，能让人们互相沟通、传递感情。当妈妈对宝宝微笑时，宝宝也会以微笑来回报，这种交换微笑不仅是爱的表现，还是一种社交行为，也是表示友好、亲爱、赞赏的体态语言。妈妈多对宝宝微笑，多说妈妈爱你、妈妈喜欢你，能让宝宝感受到妈妈的爱，给他坚定生活的信心。通过微笑来进行亲子之间的沟通，可以消除宝宝不愉快的情绪，使他陶醉在妈妈温暖的爱抚和体贴中。

不要以为宝宝的微笑没有内容，或仅是比较简单的情感反应。婴儿的微笑是最迷人的，会让他的父母欢欣鼓舞，心甘情愿地接受抚育婴儿的艰辛。

开心是甘甜的“成长剂”

现在有一种流行的说法叫“越早会笑的孩子越聪明”，从大脑的发育和神经学的角度来看也是比较科学的。宝宝喜欢看妈妈的笑，自己也能够舒心地回报妈妈的笑。出生两个月的小宝宝，当妈妈对他说话并且对他微笑时，他也会回应微笑，这是宝宝与人交往和表示自己快乐的一种方式。宝宝非常需要自己喜欢的人在身边微笑着和他说话，给予他充分的爱。宝宝也是以这样的方式，博得人们尤其是爸爸妈妈的喜爱，建立起和生活中重要人物之间情感的联系，实现感情互动。爸爸妈妈多对宝宝微笑，对他的心理健康发展十分有利，同样，爸爸妈妈也能深深地体会到与宝宝在一起的欢乐。

宝宝的笑多是一种阳光明媚的笑、无忧无虑的笑，这种笑很具有感染力，会让爸爸妈妈陶醉不已。当爸爸妈妈在享受宝宝的笑带来的愉悦时，宝宝也期待着爸爸妈妈的笑脸。从宝宝出生之日开始，爸爸妈妈、爷爷奶奶都要多对宝宝微笑，让他从人生的一开始就沉醉在笑脸里，接受快乐的熏陶。如果爸爸妈妈经常看着宝宝温柔地微笑，宝宝就会逐渐喜欢笑，亲子之间的情感交往会使婴儿产生依恋情绪，培养启蒙情感，为他形成活泼开朗、与人友善的个性打下良好的基础。

微笑，是爸爸妈妈与宝宝沟通交往的一种良好方式。爸爸妈妈不但要多对宝宝微笑，还要对宝宝的微笑给予及时和热情的回应，让宝宝喜欢这样的交流和互动。当宝宝用微笑和爸爸妈妈交流，并热衷于用这样的方式进行“社交”时，千万不要打断他，更不能不专注或者表现出心不在焉的样子。而是要对他表现出极大的兴趣和热情，这有助于宝宝自尊人格的发育，可以帮助、支持宝宝与他人建立一种积极健康的人际关系。一个从小生活在充满愉快和亲情气氛中的孩子，一定是个自信、开朗、信任他人并且具有较高“情商”的人。

同宝宝一起享受“乐”趣

爸爸妈妈的微笑能激发起宝宝愉悦的情绪，仅凭借着微笑，爸爸妈妈和宝宝就能建立起自然而且贴心的亲子关系。如果爸爸妈妈经常对宝宝微笑，宝宝也学会和掌握了用“微笑”谈话的技巧，那么当有人和他说话时，他会通过有目的的微笑与人进行“交谈”，并且用咯咯笑来引起对方的注意。

宝宝既然喜欢看爸爸妈妈的笑脸，那就满足他吧。爸爸妈妈要多看着宝宝，通过眼睛与眼睛间的交流，与宝宝进行甜蜜的沟通。当宝宝觉醒时、妈妈给宝宝喂奶时、为宝宝换尿布时，都要微笑并专注地看着他，这样会让宝宝感到非常快乐。

宝宝两个月大时，就已经知道以微笑的方式把快乐写在脸上，这种显示快乐的表情通常发生在看见妈妈、爸爸和他喜欢的亲人时。所以，为了让宝宝开开心心地成长，全家人都不要吝啬自己的笑容，多给宝宝送去甜美的微笑。这样，宝宝的心情才会非常愉悦，而亲子之间的美妙关系也能在这样的时刻逐步建立起来。

爸爸妈妈除了用微笑给宝宝带来欢乐的生活外，还可以通过和宝宝一起做游戏和玩玩具来享受甜蜜温馨的生活。对小宝宝来说，摇动一只拨浪鼓，使它发出声音，是一件非常有趣的事，若妈妈跟着作出高兴的反应，就能使他体验到与他人分享喜悦的快乐，从而加倍开心。

为了宝宝的心理健康，爸爸妈妈可以先从微笑做起，每天都给宝宝一个阳光、愉悦的好心情。爸爸妈妈虽然很难一天都挂着微笑，那么至少也要做到在宝宝面前保持笑容。这样才能使宝宝的情绪保持稳定。宝宝高兴爸爸妈妈也放心，更能体会与宝宝在一起的乐趣。要知道，在生活中与家人一起营造出来的快乐才是最大的快乐。在呵护宝宝的同时，爸爸妈妈自己的生活节奏也会变得很有规律，心情也会愉快许多。

良好的互动能让宝宝知道身边的人不仅会很好地照顾他，还非常喜欢和他在一起，明白他的需要，宝宝因此了解到人和人之间快乐的互动不仅能让别人开心，自己也会觉得很舒服。请多给宝宝送去微笑吧，宝宝开心，爸爸妈妈才能省心。

宝宝有需求一定要呼应

呼应并不等同于溺爱

宝宝的肚子饿得咕咕叫了，他开始大哭起来，他知道妈妈就在不远处，因为小耳朵听见了妈妈活动时的声音。哭声没有把妈妈及时唤来，他只好拼命地大哭，直到嗓子嘶哑、满头大汗，妈妈才出现。

是妈妈真的忙得脱不开身吗？妈妈不及时呼应宝宝并不是因为很忙，而是觉得宝宝不能一哭就出现，时间长了就会惯出等不得的毛病，养成没有耐性的火爆脾气。

许多人都有类似的观点，觉得孩子一哭就去哄，容易宠坏他，让他哭一哭没什么大不了的。事实上，呼应宝宝的需求与溺爱宝宝完全是两回事情。宝宝在婴儿时期的需求，基本都是“吃喝拉撒睡”等生理的基本需求，月龄越小的宝宝，对他的需求满足度就应该越高。当他们的需求得到及时呼应和满足时，宝宝就会满足地冲你微笑，所换来的是宝宝对爸爸妈妈的无条件的信任与爱。

宝宝的哭闹一定是有原因的，或是饿了，或者不高兴，或是有其他的需求。还没有语言表达能力的宝宝只能通过哭声来寻求帮助，而不是在用哭声威胁爸爸妈妈。所以，爸爸妈妈的及时回应并不会惯坏他。得到及时回应的宝宝很快就会安静下来，因为他知道爸爸妈妈能满足他的需求，相信爸爸妈妈能给他无微不至的关爱和帮助，他也会更加愿意配合爸爸妈妈，越发出落成一个“好”宝宝、乖宝宝。而那些总也得不到及时回应的宝宝，非但不会变成一个“好”宝宝，反而会变成一个灰心丧气、反应迟钝的孩子，或者成为一个性情冷漠、脾气暴躁的人。因为他在他小小的世界里，感到自己很无助，他无法控制自身的环境，于是便会逐渐放弃对环境的探索，当婴儿得不到回应性环境时，他只能学会放弃。而长时间得不到爸爸妈妈的及时回应，还会使他变得更加等不得，而不是更能耐得住。

爸爸妈妈积极呼应宝宝，还可以让宝宝知道，在人的交际与情感世界里，他有一种巨大、可靠的影响力，他的行为会促使某种情况发生。通过与人的交流，宝宝知道了自己的存在，逐渐明白自己与他人的不同。在宝宝成长的初始阶段，爸爸妈妈提供给宝宝的最好帮助，就是对宝宝的各种需求给予及时的回应。这也是培养宝宝交往意识，使他喜欢与人交流的好办法。

给宝宝积极的回应

对于1岁的小宝宝，爸爸妈妈要倾注更多的爱和关注。当宝宝有了需求时，一定要及时地给予回应，否则会导致宝宝出现一系列的心理变化，影响到他正常的心理发育和发展。试想一下，对于一个身体还没有协调能力，自己无法独立做任何事情，又不会用语言来表达自己需求的小宝宝，作为唯一请求信号的哭声也不能引起任何人的注意，内心的那份孤独和无助是可想而知的。

当然，“积极回应”不等同于“立即满足”，它是爸爸妈妈对宝宝的需求用声音和肢体动作来作出反应，让宝宝意识到爸爸妈妈已经听到了他的呼唤，读懂和理解了他的需求，并会给予他适当的满足和帮助，这会让宝宝充满希望，获得安全感。同时又锻炼了他的延迟满足能力，提高了他面对挫折的自信心和承受能力，使宝宝养成充满爱但又不依赖他人的良好心理。

给予宝宝积极的呼应，并不是在宝宝有任何需求时都要立即予以满足，而是要区分对待。由于宝宝哭闹的起因和心思不尽相同，所以爸爸妈妈要学会对宝宝的哭声进行观察和判断。如果宝宝的哭闹属于病理性状况，爸爸妈妈一定要毫不迟疑地立即给予满足，这是反映宝宝健康情况的重要信号，而生理性需求和心理性需求则可采用积极呼应、延迟满足的方式予以解决。

当宝宝用哭声向爸爸妈妈提出需求时，爸爸妈妈可以先远远地答应一声，让宝宝知道爸爸妈妈就处在自己求助的安全地带之内，接着爸爸妈妈要用脚步声来通知宝宝，告诉他爸爸妈妈马上就会来满足他的需求，这会让宝宝在希望中又等待几秒钟。然后，再面对面地和宝宝聊上几句："宝宝饿了吧？妈妈这就来给宝宝开饭喽！"可以把奶瓶摇晃给宝宝看，或者用其他物品逗引宝宝，于是宝宝又在积极的状态中等待了几秒。最后，抱起宝宝来满足他的生理或心理需求。虽然宝宝的需求被延缓满足，但爸爸妈妈及时的呼应已安抚了他不安的情绪，所以，宝宝会在希望中度过一段甜蜜的等待时光。

爸爸妈妈对宝宝的需求给予积极呼应，宝宝所获得的不仅是生理和心理上的满足，还有自我镇静所带来的舒适感，而这种快乐体验有助于宝宝形成良好的心理与性格。相比之下，那些对宝宝的哭声采取冷漠忽略态度的父母，或是一听到宝宝哭闹，立即一声不响直接满足宝宝需求的养育方式，都会对宝宝的心理发展及性格的形成产生不利影响。前者容易使宝宝安全感缺失，形成烦躁、焦虑和恐惧的心理；而后者又会导致宝宝建立有求必应的依赖性心理，且面对挫折的自信心和自我调节能力也得不到锻炼。因此，积极呼应宝宝的需求，对宝宝一生的发展都有着积极的促进作用。

安全感，不得不提的“大防”

家有宝宝难侍候

刚生下小宝宝时，初为人母的那份幸福感溢于言表，即使宝宝在熟睡时，也喜欢摸摸他的小脸蛋，享受做妈妈的幸福。可是不久，妈妈就会体会到为人母的艰辛。

小宝宝无论白天还是夜晚，只要一睁开眼睛，就会用哭声来表达他无穷尽的需求，把妈妈搞得身心特别疲惫。尤其是夜里的几次哭闹，把完整的睡眠破坏得七零八碎。妈妈实在是太疲劳了，常常是先让他哭一会儿，觉得等他哭累了会睡着的。有些时候宝宝是哭着哭着就睡着了，可是大多数时候，宝宝是越哭动静越大，这时妈妈才起床喂喂、哄哄、抱抱。有时气得拍宝宝的小屁股，着急地对他说：“再哭，再哭，就不要你了！”宝宝的哭声却更大了，他似乎害怕妈妈真的不要他了。

由于晚上休息不好，妈妈白天也无精打采，除了给宝宝喂奶、清洗，根本就没有兴致和精力逗引宝宝。渐渐地，她发现宝宝越来越爱哭了。

宝宝如此难侍候，令妈妈很是烦恼，真搞不懂该如何去对待他。有时候妈妈心里在想，等宝宝大些就好了。

可是，宝宝现在都1岁了，能听懂爸爸妈妈的话了，可宝宝的哭闹还是天天上演。他一刻也离不开妈妈，哪怕是一小会儿也不行。妈妈心里直犯嘀咕，小的时候哭闹是要吃要喝，可是现在即使吃饱喝足，还是离不开妈妈，每天上班出门前都要上演“生死别离”的一幕，那撕心裂肺的哭，简直比杀了他还厉害。宝宝死死抓住妈妈的衣角不放，任凭妈妈如何保证一下班就回来也不管用。

妈妈彻底无语了，觉得自己的宝宝就是属于爱哭闹的那种类型。没办法，只有熬吧！

宝宝哭闹有原因

宝宝爱哭闹，主要是由缺乏安全感导致的。从宝宝出生到1岁左右，婴儿正处于信任和不信任的心理冲突期，当他哭、饿或者身体不舒适时，爸爸妈妈是否及时出现是他对这个世界建立安全感和信任感的基础，有利于他形成积极的心理特征。如果宝宝有所需求，会通过哭闹来与爸爸妈妈沟通。而爸爸妈妈有时及时出现，有时不及时出现，宝宝就始终得不到有规律性、稳定的反馈信息，会担忧自己的需要得不到满足。于是，他便常常变换各种哭闹的方式吸引大人的注意力，长此以往，就形成了闹人、磨人的行为模式，最终不能建立起稳定的心理安全感。

这种结果，主要由爸爸妈妈照料不周所致。婴儿出生后的第一年里，是他一生的开始阶段，只有当他在生活上得到悉心照料，在精神上得到爱抚和热情的关怀，孩子才会建立起对这个世界的信任感和安全感，从而为其个性的健康发展打下良好的基础。这一年，是宝宝安全感建立的关键期，这时候的母婴关系是非常紧密的，如果妈妈能够给宝宝足够的安全感，他就会拥有一种安全的人格特质，心理健康就有了可靠的保证。

安全感是人的第一心理需求。有了安全感，人的心理才能处于安静、平和的状态，才会有稳定、快乐的情绪。安全感是宝宝身体、情绪、认知发展的基础，没有安全感，宝宝就很难有幸福感，使他处于一种无助状态，随时需要得到成人的保护，尽管身体发育看上去很好，可是心理发育却得不到健康的发展。

给宝宝建立安全感

1岁宝宝的安全感主要来自和爸爸妈妈之间的亲附关系，以及爸爸妈妈妥帖的照顾和热心的养护。如果爸爸妈妈能及时回应和满足宝宝的身心需要，多多拥抱宝宝，与宝宝谈话，逗宝宝笑，让宝宝体会到爸爸妈妈是爱他的，周围环境是安全的，那么这种愉悦的情绪能使宝宝顺利有效地与外界沟通互动，产生对爸爸妈妈的信任与依赖感，并将这种信任感推及其他人。

温馨的家庭氛围是使孩子心里有安全感的最大保障。和睦的气氛要靠父母来营造，夫妻之间充满爱意、互相尊重是宝宝健康成长的基础。对于1岁宝宝来讲，爸爸妈妈就是他的整个世界，如果宝宝经常看到爸爸妈妈之间的冲突，他就会感到极大的不安与恐惧，从而会给他幼小的心灵留下阴影。

爸爸妈妈无条件的接纳和爱，使宝宝和爸爸妈妈能建立起信任的依恋关系，让他感到自己生活在一个幸福的环境中，宝宝会从中得到探索外在世界的勇气和自信。宝宝最怕听到的是“你再闹妈妈就不要你了”“你这样妈妈就不喜欢你了”等话语，这会让他感到恐惧。当孩子哭闹时，要拿出耐心和爱心来，千万不要用不耐烦的口气和孩子讲话，这会阻碍宝宝安全感的建立。

宝宝1岁前和妈妈接触最为密切，有的妈妈由于本身性格原因，怕这怕那，多愁善感，这种内心的焦虑情绪就会直接影响到宝宝的做事与生活态度。所以，为了宝宝安全感的建立，妈妈要尽量把握自己的情绪，保持一个自信、稳定、成熟、理智的养育态度，这样既能减少妈妈不必要的内心消耗，同时也会带给宝宝安全而平和的状态与气质。

对于那些上班前黏妈妈的小宝贝，妈妈要在每天出门前，跟宝宝来个小小的沟通。告诉宝宝妈妈要去上班，晚上回来陪宝宝玩，然后亲亲他，跟他再见，让他等着妈妈回来。下班回到家后，一定在第一时间跟宝宝打招呼，抱抱他，亲亲他，然后同他玩个痛快。帮助宝宝建立安全感，有时就是这些日常的小动作在发挥作用。宝宝也是通情达理的，只要爸爸妈妈天天坚持，他就会相信爸爸妈妈不会失约，下班就会和他一起玩耍，他自然就不再哭闹着不让爸爸妈妈出门了。相反，那些怕宝宝哭闹，偷偷摸摸消失的爸爸妈妈，反而使宝宝敏感起来。因为，他不知道爸爸妈妈为何消失，会消失多久，还会不会回来，这会让他感觉不安和焦虑，从而影响到宝宝安全感的建立。

除了情感上给予宝宝十足的温暖外，安全的居家环境也是很重要的一个环节，为宝宝创设一个没有障碍的生活环境很重要。宝宝的好奇心强，家里许多不起眼的物品都可以引起他们的兴趣。因此，爸爸妈妈要尽量消除家中的不安全因素，为宝宝提供一个安全的探索环境，只有保障了身体的安全，宝宝的心理才能安全。

宝宝再小，也是一个独立的个体，在日常生活中，爸爸妈妈与宝宝相处时一定要平等。要多考虑宝宝的需求与愿望，他想去的地方、想玩的东西，只要没有危险性，就给他这个自由。爸爸妈妈经常在宝宝面前惊呼“这个不能碰”“那个不能拿”，不仅会使宝宝受到惊吓，还会减弱宝宝探索新事物的动力，使他失去自我，对成人不信任，失去安全感。

规律的生活作息也能给宝宝带来安全感，比如每天下午和宝宝一起去户外活动，晚饭后和妈妈做游戏，睡前洗个温水澡等，如果这样的安排能够固定下来，会给宝宝一种可以掌控和期待的感觉，能有效地消除宝宝消极和焦虑的情绪，有利于宝宝安全感的建立。

如果宝宝从小没有建立起安全感，那么成年后心理上的缺陷将可能无法完全修复。其实，给1岁宝宝建立安全感很简单，只要爸爸妈妈及时对宝宝的需求给予呼应和满足，为宝宝付出全心全意的爱，再加上一个单纯且规律的生活环境，就会在宝宝的心里筑起一个安乐小窝，使他心灵充满安定感，身心健康地成长。

婴语，实现与宝宝的完美沟通

宝宝会婴语

10个月的宝宝坐在床上，小嘴中发出“嗯嗯呀呀”的声音，对着妈妈做大拇指倾斜指着自己小嘴的动作。妈妈心领神会，赶紧给宝宝兑好温度适宜的水，用奶瓶装好递给宝宝。宝宝就着奶瓶“咕咚咕咚”地喝了一大气才住口，冲妈妈甜甜地一笑，放下手中的奶瓶，心满意足地继续玩起玩具来。

看到宝宝喝水时的那种惬意，妈妈心里有着说不出的高兴，没想到宝宝竟然很快学会了这个动作。在他没有掌握婴语前，有什么需求总是哇哇大哭，有时妈妈几次都猜不中，他还会用手扯床单，两只小脚丫乱蹬发脾气呢！

还是在半个月前，一位好朋友告诉她可以用婴语同宝宝沟通，当时她只是抱着试试的态度，回来后给宝宝做了这个“喝”的动作。宝宝开始并不怎么在意，依旧玩他的玩具。为了让宝宝理解这个动作，妈妈先是自己示范给宝宝看，宝宝学时，动作并不标准，总是把大手指放到嘴里。有的时候只是抬一抬手又玩了起来。

宝宝并不是孺子不可教也，他先是无意识地学，后来看到妈妈每次拿着水瓶，先做一个动作，然后举起水瓶做喝水状，他也慢慢理解了。当他想喝水时，啊啊地叫着，然后学着妈妈的样子，用大拇指指自己的嘴，还夸张地伸出长长的舌头。开始妈妈也不知道他是不是真的要喝水，只是试着拿过水瓶，宝宝笑了，还直舔嘴唇。

从那以后，宝宝的动作越来越规范，现在他做得很标准了。看来，婴语真的能起到沟通的作用，信心百倍的妈妈决定继续教宝宝其他的需求动作。

婴语，让亲子沟通更顺畅

宝宝的降生对于每一个家庭来说都是一段新生活的开始，刚做爸爸妈妈的人在喜悦之余，接下来就要面临着新的考验，那就是如何养育宝宝，如何与宝宝顺畅地沟通等一系列的问题。在日常生活中，许多年轻的爸爸妈妈无法安抚哭闹的宝宝，总是疲于应付，忙得焦头烂额。他们无法正确领会宝宝所传递的需求信息，不能及时满足宝宝的需求，自然会出现两个人围着宝宝团团转，但宝宝却还是一个劲儿哭闹的情境。

1岁的宝宝还不会说话，还很难用语言和爸爸妈妈交流，但是他们却可以用自己独特的方式表达自己的需求，这就是宝宝特有的语言——婴语。细心的爸爸妈妈会发现，宝宝在提要求时，往往会有些动作和表情出现，只是不知道他要表现什么。其实宝宝的“呜呜啊啊”，还有一些简单的肢体动作都是在向爸爸妈妈传递一些信息，这应该是宝宝原始的“婴语”。如果在这个基础上教宝宝学会一些简单的“婴儿手语”，那么爸爸妈妈就可以通过“婴儿手语”与他们进行沟通，这就相当于给那些还不会说话的小宝贝，提供了一条与成人交往的便捷通道。

不要怀疑小宝宝的能力，他们的肢体动作要早于语言发育，尽管他不会说话，但他已经能明白爸爸妈妈的手势了。许多宝宝在几个月时就懂得用小手做“再见”和“谢谢”的动作，还会用食指尖指向他们想要的东西，伸出两只小胳膊是想扑向妈妈的怀抱，这些简单手势无须解释，每个人都可以凭直觉了解其含义。

通过使用婴语，爸爸妈妈与宝宝之间的许多问题都能够很轻松、顺畅地解决，并且会给亲子相处增加许多乐趣。只需一个简单动作，就能让爸爸妈妈感受到与宝宝间那种没有任何间隔的真挚感情。如果宝宝能学会使用婴语，而不是用大声哭闹和尖叫来表达自己的愿望和需求，那爸爸妈妈和宝宝都会感到更快乐。

宝宝学“婴语”是离不开手的，而且不少动作需要双手来做，这在无形中锻炼了宝宝的手，促进了宝宝的大脑及智力发育。由于爸爸妈妈在教宝宝手语时，往往边在宝宝面前做动作，边通过语言来提示，因此，宝宝会把相应的动作和语言联系在一起，这使他更容易掌握和理解语言，对宝宝语言的发展也是颇为有益的。

和宝宝一起快乐学婴语

不会说话的宝宝有要求却说不出，急得嘴里一边“呜啊呜啊”地叫着，一边用小手拉扯妈妈的衣领，而爸爸妈妈又很难猜对宝宝的需求，惹来宝宝更加着急的哭闹。这时如果有一个神奇的翻译，能帮爸爸妈妈读懂宝宝的要求，该有多省事啊！其实，宝宝自己就是翻译，但前提是需要爸爸妈妈耐心地教宝宝学会婴语。

教宝宝学婴语在宝宝2～3个月时就可以进行了，虽然宝宝小手的肌肉群要到6个月以后才能得到长足发展，并自如地做出手语动作。在此之前，爸爸妈妈的手语演示，可以让宝宝或多或少明白点这些特殊动作的意义。

由于宝宝还小，最初要从少数几个比较简单的动作起步，如吃、喝、尿了等。只要爸爸妈妈有足够的耐心，他就能逐渐掌握基本要领。要是一个动作较为复杂，可把它拆分开来，从宝宝最感兴趣的手势开始教起。无论从什么手势入手，都要反复不断地训练，爸爸妈妈要随时和宝宝用婴语交流，就像平时说话一样，这样宝宝才能学得快，记得牢，运用得准确。

教宝宝婴语时要尽可能把手势与实物联系以来。比如教“小鸟”，就抱宝宝去看笼子里的小鸟，同时配以双臂展开、挥动翅膀的样子，让宝宝充分感应到手势与实物之间的内在联系。这能帮助他更好地理解手势，学起来快，也不会把这个手势与其他动作弄混。

这里向爸爸妈妈介绍一些简单常用的婴语手势，当然，爸爸妈妈可以根据宝宝的实际情况作出调整，重点是实现与宝宝的交流，所以不必拘泥于动作的细节。在实际生活中，爸爸妈妈也完全可以创造出只属于你和宝宝的婴语，只要是能明显模仿出词语意思的手势都行。坚持下去，就一定能用婴语这种交流方式实现与宝宝的完美沟通。

我还要：伸出双手，将手指反复聚拢碰撞到一起。

没有了：两臂弯曲放在胸前部位，双手手掌朝下，从上到下挥动。

我饿了，要吃饭：用食指轻轻触碰嘴唇。

我渴了：拇指抬起，向嘴唇倾斜，其余四指微微弯曲，形成奶瓶的形状。

真热呀：像把水吹凉时那样不停地吹气。

好冷：将双臂夹紧，紧贴在身体两侧。

尿了：轻轻拍打自己的小屁股。

牛奶：将手反复握紧、张开拳头，类似于挤奶的动作。

洗澡：用双手摩擦自己的身体。

疼痛：一边用食指画出疼痛的区域，一边做出疼痛的表情。

停下来：将五指并拢，手掌朝前推出，类似于交警指挥红灯停时的动作。

安静点：将食指放在嘴唇上，然后发出“嘘”的声音。

打电话：用手做出“六”的手势，放在耳边不动。

睡觉：双手合十，放于头部左侧，然后将头靠向手掌，做出睡觉的样子。

帽子：用食指微曲，轻轻敲击头部。

星星：手指放松，然后反复晃动手腕，做出星星闪烁的样子。

月亮、灯光：将手臂平伸，指向天空，然后反复晃动手腕。

书：用两只手掌做翻开、合上书本的动作。

CHAPTER 03

自由与规律——1岁幼儿的生活

在宝宝1岁的时候，除非父母刻意去修正他们的生活作息，否则他们基本上还是习惯于胎宝宝时期的作息与习惯。困了就睡，饿了会要食物，需要温暖而洁净的环境，这是他们最稳定的生活常规。当然，不管你有多希望孩子成为一个优秀的人才，此时都还有时间，没有必要让孩子经受太多的训练。

睡宝宝的“睡”生活

别打扰了睡宝宝的甜美梦乡

早晨，窗外的阳光照射进来，新的一天又开始了。妈妈起床已经好半天了，她边做家务边看着墙上的时钟，当指针指向8点整时，妈妈放下手中的家务活儿，走到宝宝的小床前，准备叫醒正在熟睡的宝宝。

宝宝正在甜美的梦乡里神游呢，嘴角还挂着甜甜的微笑。妈妈也有些不忍心打搅宝宝，可是一想到要给他养成有规律的睡眠，妈妈还是决定立刻叫醒宝宝。熟睡中的宝宝可是很不容易弄醒的，妈妈用手摇晃他的小肩膀，嘴里叫着宝宝的名字，小家伙就是不肯睁开眼睛。妈妈只好将宝宝抱在怀里继续摇晃着，好半天宝宝才不情愿地睁开眼睛，看了妈妈的脸一会儿，又闭上了眼睛，打算继续睡下去。

妈妈又继续摇晃，大声地制造声音，想让宝宝彻底清醒过来。宝宝再也无法忍耐了，哇哇大哭起来，好像在向妈妈抗议：我还没有睡够呢，干吗把我叫醒？

妈妈一阵手忙脚乱，又是给宝宝喂奶，又是递玩具，还不住地吻着哭泣的宝宝，目的只有一个，就是让他醒来。

被弄醒的宝宝虽然止住了哭声，也不再睡觉了，可是看得出宝宝是闷闷不乐的，即使是在妈妈的陪同下，并且眼前有一大堆鲜艳的玩具，也提不起精神来。

经过一段时间的训练，妈妈的训练成效也不大，非但没给宝宝养成所谓的规律睡眠，反而弄得宝宝一副病病怏怏的样子，总是无精打采的宝宝一点儿也不快活。

宝宝睡得多，才能长得棒

在1岁宝宝最初的几个月中，生活中最重要的一件事就是睡眠，即使在白天，他们也在呼呼大睡，通常一天可以睡20个小时左右。在任何地点、任何时间他们都可以酣然入睡，甚至在“吃奶”时也能睡着。爸爸妈妈也许会想：小宝宝怎么这么爱睡啊？一天总也睡不醒，连爸爸妈妈想要逗他一下都没有时间。不过，这种情况的持续时间好在不是很长，大概有1个月左右，随着幼儿慢慢长大，他们醒着的时间将会越来越长，在1岁左右时，他已经基本可以玩10多个小时了。

爸爸妈妈都知道，1岁幼儿的贪睡主要是为了保证身体的发育成长。因为宝宝刚出生时，脑部发育还不成熟，容易疲劳，只有充足的睡眠，才能够保证各组织器官的发育和成熟，身体中各激素也才能平衡分泌，从而保证肌体正常成长。

宝宝的睡眠并不像大人一样，一觉睡到天亮，新生儿时期每隔1～2个小时就会醒来吃奶，吃饱后就会美美睡去。而到了6个月以后，健康的幼儿基本可以一觉睡到天亮，而白天的睡眠也可以维持1～2个小时。这时他们已经不再需要在夜间吃奶或者凌晨时找人说话，除非爸爸妈妈想要同宝宝在一起待一会儿。

幼儿出生是一次分离，是母亲和孩子的分离，这时他需要面对完全与子宫不同的环境，而那些他所熟悉的，如妈妈的心跳声、轻声细语的谈话声似乎也和他是胎儿时不太一样了。面对这种骤然的变化，宝宝是恐惧的，而对于爸爸妈妈以外的人，他还没有建立起信任。同时，小宝宝的身体也极容易出现疲乏，睡眠一方面可以缓解幼儿的心理压力，另一方面有助于宝宝身体的发育。

对于1岁宝宝的贪睡，爸爸妈妈不要随便去破坏和改变，他们睡得越多，可能长得越好，将来也会越聪明。对1岁的幼儿来说，甚至还要根据他们的精神状态，来有意地引导他们睡眠，以保证每天的睡眠量，这将成为他们良好成长的保证。

照顾好宝宝的睡眠

充足的睡眠，对孩子的身心发育十分重要。一般来说，1岁以内的宝宝睡眠没有绝对的规律，有些宝宝睡的时间长些，而有的睡的时间短些。无论睡眠时间的长与短，只要宝宝饮食正常、睡眠质量高、醒后精神好、身体发育正常，则睡眠时间的稍长或稍短都无关紧要。随着宝宝月龄的增长，睡眠时间也会逐渐缩短，而且也会日趋规律。所以，没必要为宝宝的睡眠制订一个时间表，从而破坏宝宝自然的睡眠规律。

在最初的几个月里，宝宝的睡眠常常中断，因为宝宝的睡眠周期比成年人要短，因此宝宝醒来的次数就多些，这就意味着爸爸妈妈不得不常常中断睡眠来照顾宝宝。为此，爸爸妈妈常常感到很沮丧，好不容易把小宝宝哄得闭上了眼睛，可是刚把他放到床上，就又醒了过来。于是，爸爸妈妈心里直埋怨宝宝，这孩子怎么这么难侍候！其实，此时的宝宝还处在浅睡阶段，并没有睡实，当然一放或有点动静就醒了。所以，哄宝宝入睡，要等到他进入了深睡眠后再把他放下，这时他才能踏实地睡着。宝宝进入深度睡眠的标志是：宝宝的四肢软下来。轻轻地抬起宝宝的一只胳膊或腿，如果松手时，它软软地掉下来，而且宝宝没有猛地一动，也没有突然醒过来，这就说明宝宝已经睡熟了。这时就可以把宝宝放下，轻轻地离开，赶紧去睡觉。

安静的睡眠环境，一直被爸爸妈妈所推崇。所以，当小宝宝睡着时，爸爸妈妈总是轻手轻脚，生怕有一点儿动静惊动宝宝，影响了宝宝的睡眠。其实，当宝宝进入深睡眠时，一般不会轻易醒来，没必要太过刻意地为他创设安静的环境。而且幼儿一般都具有适应外界环境的能力，如果宝宝从小习惯了在过分安静的环境中睡眠，那么一点儿风吹草动都可能把他惊醒，这反而不利于宝宝的睡眠。爸爸妈妈不妨在宝宝睡眠的时候，用小音量播放一些轻柔优美的音乐，这既可以促使宝宝安然入睡，也能锻炼宝宝在周围有轻微声音时能睡得安稳。

哄宝宝入睡也有讲究。当小宝宝久久不入睡时，有些心急的爸爸妈妈便会将宝宝抱在怀里，或是放在摇篮里用力地摇晃，以促使宝宝快点儿睡着。殊不知，这种做法对宝宝十分危险。因为此时宝宝的大脑还没有发育成熟，快速大幅度的晃动有可能会导致幼儿的大脑在颅骨腔内震荡，与较硬的颅骨相撞，造成脑组织表面小血管破裂，引起“脑轻微震荡伤综合征”。轻者使幼儿发生癫痫、智力低下，严重者还可能会出现脑水肿、脑疝，甚至危及生命。所以，最好从小让宝宝养成自主入睡的习惯，尽量避免摇晃着宝宝睡、拍着睡等。

要想让宝宝有个好觉睡，一定要安抚宝宝睡前情绪，不要让宝宝太兴奋，过于兴奋的宝宝很难入睡。在睡前30分钟，不要让宝宝玩玩具，爸爸妈妈更不能同宝宝玩打闹的游戏，而应提示宝宝快睡觉了，并把灯光调暗。安静下来的宝宝逐渐有了睡意，就容易入眠了。如果宝宝在睡觉前有一个习惯性的哭闹前奏，不要立刻把宝宝的衣服脱光，此时可以给宝宝讲讲故事，哼哼催眠曲，让宝宝在温馨的环境中入睡。

爸爸妈妈还要注意的是，在宝宝睡着前不要离开。当宝宝躺下后，可以看着他的眼睛，跟他说话，轻轻哼歌或者拍拍他的身体，或者坐在宝宝身边找本书看，直到他睡着后再离去。这样做的目的，是要让宝宝建立起对妈妈足够的信任感。有些妈妈在宝宝闭上眼睛后，就马上起身去做其他事情，其实这个时候宝宝很有可能并没有真正睡着，爸爸妈妈一走开，他就会醒。这样的过程反复几次后，宝宝就变得好像不容易睡着了，因为他总是担心妈妈会离开他。

温暖、洁净，一个都不能少

宝宝的健康离不开温暖和洁净

宝宝在出生前，在妈妈的子宫里，过着恒温的舒适安宁生活。他初到人世间时，第一个感觉就是寒冷。宝宝脱离母体发出第一声啼哭，寒冷大概也是其中的一个重要因素吧。当他被暖暖地包裹在襁褓中，宝宝就停止了哭叫，这就说明他有了温暖的感觉。

刚出生的小宝宝喜欢身体暖暖的感觉，这和他们在妈妈肚子里的感觉一样舒服。用正常体温的手去摸摸宝宝的耳朵、脖子和鼻子等露在外面的部位，可以帮助爸爸妈妈判断宝宝的衣被是否合适。如果他的脖子和耳朵后面有汗，那是太热了，如果这些地方很凉，宝宝很可能不够温暖，需要为他添加衣被。

由于1岁前的小宝宝体温调节中枢还不十分完善，尤其是那些刚出生的小宝宝的体温调节能力更差，很容易受到环境的影响，因此，爸爸妈妈要呵护好小宝贝，依照季节的不同，尽量使室内的温度保持在恒温状态，以使宝宝生活在温暖舒适的环境里。

洁净和卫生，也是宝宝健康成长不可或缺的条件。宝宝在出生时，体内免疫球蛋白只有成人的10%，到15岁时免疫力才接近成年人。此时他们的免疫力还很差，如果卫生条件不佳，许多病原体如细菌、病菌、霉菌就会从不同的途径，借助各种媒介，侵袭宝宝的肌体，从而影响宝宝的身体健康。

面对嗷嗷待哺的1岁宝宝，刚刚升级为父母的新手爸爸妈妈，在欣喜之余，又不由多了一份责任。在今后的生活当中，要为宝宝提供一个温暖、洁净的生活环境，给予宝宝贴心照料的同时，也要呵护宝宝健康幸福地成长。

温暖的生活，温暖的爱

对于1岁的宝宝来说，他们对冷或热虽然有感知，却不能通过语言表达出来，自己的冷暖完全依赖爸爸妈妈来帮助维持。所以，宝宝是否生活得安逸，责任完全在爸爸妈妈。

刚出生的小宝宝的体温调节中枢发育还不完善，皮下脂肪还很薄，保温能力差，而身体散热的速度却比成人快4倍，这使得他完全靠自己来保持正常体温非常困难。可以说，宝宝对高温和低温都难以适应，只有使环境温度相对温暖恒定，才能保证宝宝的体温稳定。一般来说，有小宝宝的家庭，夏季室温应维持在25℃左右，冬季大约维持在20℃以上较为适宜。给宝宝洗澡的时候，温度可调高到26～28℃，以免宝宝受凉感冒。

由于宝宝身体散热快，为宝宝保暖显得十分重要。在家庭中为宝宝保暖的方法很多，最简单的方法是给他们准备好适宜的衣服。有的爸爸妈妈喜欢给宝宝穿得里三层、外三层，如内衣、几件毛线衣、棉背心、棉袄，感觉是很暖和了，其实保暖效果不一定好。最好在内衣外面穿一件背心，再穿一件棉袄，保证身体与衣服之间有一定间隙。这个间隙就好像一层气墙，既可以防止身体的热量散发，又可以防止外面冷空气的入侵，从而起到良好的保暖作用。

1岁以前的宝宝，头发长得还不是太多，所以带宝宝进行户外活动时，头部温度很容易被大风带走，容易着凉生病。所以，若在天冷的时候带宝宝出门，要为宝宝常备一顶小帽子，保持头部的温度。另外，在宝宝颈部围条小围巾，可以防止宝宝体温向外流失，可起到很好的保暖作用。

有经验的爸爸妈妈会经常摸摸宝宝的手脚，如果小手暖而不出汗，说明宝宝体内温度正适宜，在穿戴上没必要加减衣服。其实，给宝宝穿衣服适宜最好，没必要捂得太厚。在给宝宝穿脱衣服时，爸爸妈妈的动作要轻快迅速，尤其是那些刚出生几个月的小宝宝，可以事先把衣服一件一件全套好，在内衣上略微扑点儿爽身粉。这样穿起衣服来特别快，宝宝不容易着凉。

宝宝的小脚丫是保暖中的重中之重，脚底穴位很多，多连接内脏器官。由于宝宝爱动，脚容易出汗，最好每天多换几次袜子，这样脚部干爽，且不容易受凉。1岁左右的宝宝正处于学步阶段，非常喜欢小脚接触地板的感觉，走起来特别有成就感。可是，地板温度一般较低，为了避免宝宝脚部受凉，最好给学步阶段的宝宝准备一双胶粒防滑鞋，以备在家中学走路时使用。或者在比较温暖的房间里铺设一块塑胶地板，让宝宝在塑胶地板上学习走路。这样一来，就保暖学步两不误了。

洁净，宝宝健康的保护神

1岁前，宝宝的大部分时间都在室内，因此创造一个清洁、卫生的居家环境就显得非常重要了。在温馨的小家庭里，宝宝是主角，爸爸妈妈就是他的勤务员，一天24小时都要为这个小天使服务好。为了宝宝的健康，爸爸妈妈可不能图清闲，随便对付着过日子。现在的宝宝防疫系统还很薄弱，在脏乱差的环境中生活，很容易被各种病菌所侵犯，与其为宝宝花大价钱治病，不如平时流点儿汗，把卫生工作做好。

宝宝的房间要保持清洁卫生，房间的门窗、家具表面要勤擦洗，地面、床面、桌面以及婴儿床栏间都应保持清洁。宝宝的床上用品应2～3天替换清洗一次，并在太阳下晾晒消毒。居室要经常开窗通风、定时换气，使室内保持鲜氧循环，空气清新。家中最好不要养猫、狗、鸟等宠物，小宝宝的抗体是不足以对抗小动物身上的细菌的。

如果是母乳喂养宝宝，一切都很方便，因为不涉及消毒的问题。如果用配方奶喂养，奶具的清洁和消毒则一定要提到日程上来。宝宝最常接触的就是奶具，爸爸妈妈在喂完奶后要及时将奶瓶、奶嘴清洗干净，以防止奶垢沉积，不易彻底清除。清洗时，可先用热水涮过，冲掉残余油脂，然后仔细刷洗瓶口螺纹处。清洗时要分别将奶嘴和奶嘴座拆开，特别要注意奶嘴吸孔处有没有奶垢沉积。奶具在使用前都要消毒，消毒奶具时，可将奶瓶、瓶盖装满水，与奶嘴一起放入煮沸的锅中。盖上锅盖煮上5分钟后关火，待其稍凉时，用夹子取出奶嘴，将瓶盖套回奶瓶上，以备下次使用。如果在24小时之内没有使用，则必须重新消毒。

1岁的宝宝正处在口唇期阶段，他们的快乐大多来自嘴部受到的刺激，什么都想放到嘴里尝尝，把一切能拿到的东西都放到嘴里咬、啃、咀嚼。特别是宝宝经常玩的玩具，不知被他们“尝”过多少回了。这些给宝宝带来无穷乐趣的玩具，卫生状况同样是不可忽视的。爸爸妈妈要定期为家中的玩具“洗洗澡”，做做清洁保养的工作。一般情况下，皮毛、棉布制作的玩具，放在日光下曝晒几小时，就可以起到消毒的作用；木制玩具，可用煮沸的肥皂水烫洗；塑料和橡胶玩具，可用消毒液浸泡10分钟，然后用水冲洗干净，放在阳光下曝晒就可以了。玩具清洁又卫生，宝宝的健康自然就多了一份保证。

健康离不开洁净，当然，宝宝本身的清洁卫生也要做好。1岁的宝宝对一切事物都充满了好奇，他的小手可不管脏不脏，什么东西都要摸摸、动动，拿过来把玩一番。为了宝宝的健康，也为了从小使他养成讲卫生的好习惯，每天给宝宝洗手洗脸也是爸爸妈妈的必修课。可以给宝宝准备一套属于他自己的洁具，如婴儿香皂、小毛巾、小水盆等。脸盆在使用前要先用开水烫一下，只有一切都无菌无害，才能安全地给宝宝使用。在给宝宝洗脸时，妈妈或爸爸可用左臂将宝宝抱在怀里，右手拿毛巾蘸水轻轻擦洗，或者两人协助，一个人抱住宝宝，另一个人给宝宝清洗。注意不要把水弄到宝宝的耳朵里，洗完后要用毛巾轻轻擦去宝宝脸上的水。几个月的小宝宝喜欢握紧拳头，因此爸爸妈妈在给宝宝洗手时，要先把宝宝的手轻轻扒开，手心手背都要洗到，洗干净后再用毛巾擦干就可以了。

宝宝的衣服、被褥都是容易藏污纳垢的地方，要本着勤洗勤换的原则，使宝宝总是保持处在干爽洁净的环境中。不要为了使宝宝不脏，而限制宝宝玩耍，他们的探索精神是不能扼杀的。所以，爸爸妈妈就辛苦些吧，为了宝宝茁壮成长，付出些汗水也是值得的。

玩，每日的必修课

爱玩，是孩子的天性

一只花皮球滚到宝宝身边，宝宝撅起小屁股伸手去抓皮球，一下、两下，宝宝怎么也抓不到，手一碰皮球，它就滚到一边去了，宝宝只好摇摇晃晃地撵着。妈妈给宝宝做着示范，伸手就把皮球抓到了。宝宝既羡慕又高兴，拍着小手啊啊地叫着，当从妈妈手里拿到皮球后，那份喜悦是自然的，好像是自己抓到一样，小脸笑成了一朵花。

玩了一会儿皮球，宝宝又抓起一个塑料小恐龙，也许是要和小恐龙比比牙齿的锋利吧，他把小恐龙的尾巴塞到嘴里起劲儿地咬着。妈妈赶紧过来哄宝宝："乖，你的牙齿还没长全呢，不能乱咬东西。"宝宝坚持要咬小恐龙，不肯让妈妈夺走。妈妈赶紧把拇指饼干拿出来，把宝宝手中的小恐龙换掉。宝宝有了咬的东西，倒也不在乎是什么，津津有味地咬来咬去，半天不肯松口，直到把饼干吃掉，转身又去寻找可玩的东西了。

玩是孩子的天性，1岁的宝宝是天才小玩家，他们对一切都充满了兴趣，都能玩得津津有味。哪怕是一片树叶，一个小石子，他们都能像玩宝贝似地玩上半天。在成人眼里很无聊的东西，对于宝宝来说都是稀罕事儿。这与宝宝的发育有着密切的关系，他们的玩要实际上就是一种学习，此时宝宝的主要任务是发现自己的身体与周围环境的联系，感知觉器官在认知事物的同时获得了快速成长和发育。

当某个玩具或某件物体正好能满足宝宝发展的需要，宝宝就会全身心投入“研究工作”，运用自己的身体，使用自己所掌握的一切形式来了解它。此时，爸爸妈妈无论如何也不能把他抱开，否则他会变得暴躁，会大哭大闹。

宝宝在玩耍中学习

1岁的宝宝，正处于生理、心理、社会意识等方面的觉醒期，处于从无知到探索认知的过程。玩耍对于他们而言，并不只是为了获得快乐，也与孩子的智力发展有着密切的关系。在玩耍的过程中，宝宝能够学到很多东西，促进其各种能力的发展。

对于幼儿来说，玩耍本身就是一种学习，是幼儿成长过程中不可缺少和替代的一课。玩耍不仅能使幼儿的大小肌肉得到锻炼，发展其运动能力，促进其社交技能的提高，而且能培养良好的个性品质和快乐向上的积极情绪。在这种欢快的游戏情境中，更容易激发幼儿的想象力和创造欲，从而促进其主动探索和创造精神的发展。

幼儿在玩耍中生活，在玩耍中学习，在玩耍中获得发展，这是他们的成长发育规律。可以说，玩耍为幼儿认知世界打开了一扇窗，也给了他们一把认识自我的金钥匙。宝宝玩游戏就像海绵吸水一样，是他观察和积累自己对这个陌生世界感知的过程。实际上，玩游戏就是宝宝每天的学习和工作。他们在摆弄玩具中活动锻炼筋骨，在操作中学会认识世界，在不断探索中获得经验，在与小伙伴共同游戏中学习与人交往。最重要的是，在玩的过程中，宝宝的心理能够得到满足，获得愉悦的情绪和成功的体验。

因此，在宝宝成长的每一天里，都不能缺少游戏的陪伴。爸爸妈妈更要在家里多同宝宝做亲子游戏，它带给宝宝的不仅是各种能力的提高和发展，更能使宝宝在与爸爸妈妈的眼神交流、身体接触中感受到亲人的关怀和爱抚。这满足了宝宝情感的需求与情绪的发展，使亲子关系得到了进一步强化。

和小宝贝一起玩耍

玩耍是宝宝身心发展过程中的一种“本能”，对他们来说，生活就是游戏，他们在做各种游戏中不断成长。1岁，正是幼儿心理和认知飞速发展的时期，各种感官都处在发展阶段，爸爸妈妈应有意识地引导宝宝，并和小宝宝一起快乐玩耍，使宝宝从各个方面都能得到充分的发展。

1~2个月的宝宝的视听已经逐渐协调起来，听到声音也逐渐能够用眼睛去寻找，这时爸爸妈妈可以在宝宝的小床周边悬挂一些颜色鲜艳的玩具，如气球、吹塑玩具或者带铃铛的彩色塑料球等。也可以给他们看一些黑白分明的棋盘图、同心圆的靶圈图，此时小宝宝视觉的色彩发育还不完全，十分热衷于看这些黑白分明的图案。为了刺激宝宝的视听觉，在宝宝觉醒时，爸爸妈妈可以用摇铃、花铃棒逗引宝宝，练习宝宝的追视能力，让宝宝的眼睛追着玩具走。也可以在宝宝耳边轻轻摇这些铃，练习宝宝的听力和转头能力。小摇铃、花铃棒还可以有意识地塞到宝宝的小手里，以练习他的抓握能力，帮助宝宝的触觉更好发育。

在宝宝3~4个月时，他的肢体协调能力得到了加强，对周围的世界更加感兴趣。当他看到感兴趣的东西时，会全身扭动，希望拿这个东西，但是他还不会主动伸手去拿，需要爸爸妈妈帮助，如果这时能把玩具塞给他，他会很高兴地玩起来，还会冲你微笑表示心里的愉悦。适合宝宝的玩具，如一捏能够发声的小球、小摇铃，也可给宝宝乒乓球、小核桃握握捏捏，让他感觉不同质地、不同软硬的玩具。悬挂玩具要选择能拉拽的玩具，如吊环、响铃、响环，拉拽时带些响声，会使他更愿意玩。

5~6个月的宝宝，已经能有意识地伸手抓自己想要的东西，并且还会放到嘴里尝一尝。他开始学习使用手指，此时手和眼的协调性也在形成。这时，爸爸妈妈可以和他玩更多的游戏，选择的玩具也比以前更丰富了。拨浪鼓、八音盒、风铃都可以派上用场，帮助训练宝宝的手握能力。一些能够运动的物体对他来说更有吸引力，会走会蹦跳的小青蛙、不倒翁等玩具也是他们的最爱。爸爸妈妈还可以同宝宝一起玩藏猫猫，玩蒙眼的游戏。当宝宝看到藏在爸爸身后的妈妈突然出现时，会兴奋地大叫大笑，这种游戏是融洽亲子关系的最佳方式。

7~9个月的宝宝小手灵活性更强了，他的食指已经逐渐分化出来，这时他最喜欢那些带洞、带孔的东西，常常去抠小动物或布娃娃的眼睛。爸爸妈妈可以给他买一些用手指拨弄并且能产生声响的玩具，或是四壁都有不同洞眼的玩具，手巧的爸爸妈妈也可以用剪刀做一些有不同的洞眼的玩具让宝宝去玩，他们会非常喜欢。这时的宝宝正是热衷于爬的阶段，爸爸妈妈要多和宝宝玩一些爬行游戏，让宝宝在快乐的爬行中使身心得到更好的发育。

1岁左右的宝宝，游戏内容就更丰富了。他能够按照大人的要求指小猫小狗在哪儿，还能用手势表示简单的需要，他的小手也更加灵活。爸爸妈妈可以给宝宝准备一个小塑料盒或者小筐，里面放些不同的小玩具，如笔帽、小串珠、小球等，让宝宝学习用手把这些玩具从筐里拿出来再放进去，既锻炼了认知能力，又锻炼了动手能力。还可以买一些盘子、漏斗，以及不同颜色和大小的塑料杯，让宝宝倒水玩或者往里面装东西取东西。指认游戏，也是这个阶段宝宝的最爱，它对提高宝宝的认知观察能力及提升智力极为有益。宝宝已经能站立，有的还可以走上几步，不妨给宝宝准备能拖拉的玩具，如会走的毛毛虫、小狗、小马等供他边走边玩。宝宝特别喜欢这样的玩具，觉得能够带着玩具一块走非常了不起，同时，还可以提高他走路的兴趣。

游戏是1岁宝宝的生活全部，爸爸妈妈要和宝宝一起来游戏，在与宝宝游戏的过程中，给予孩子温暖的玩耍体验。要多跟宝宝说话、唱歌，逗宝宝高兴，鼓励他们看、听、吸吮、抓握、抚弄，让宝宝的生活充满快乐。

总之，爸爸妈妈要把自己当成宝宝的玩伴，与宝宝一起玩耍，是任何玩具无法替代的。这对于宝宝的情感发展起着重要的作用，不仅可以促进亲子关系，同时爸爸妈妈的言行对宝宝也会产生很大的影响。妈妈的慈爱、做事有序，可以影响宝宝养成良好的习惯；爸爸的宽容、幽默、责任会影响宝宝性格的形成。为了小宝贝能快乐成长，爸爸妈妈要复位到童年时代，做孩子最好的玩伴，重温一下远去的快乐时光。

户外生活趣味多

外面的世界好精彩

外面的天阴了下来，零星的小雨点从空中飘下，看到外面的天气不好，妈妈决定不带宝宝出门了。

宝宝很配合地穿好衣服，不住地扭头向外面看去，他的心早已飞到了窗外。听妈妈说不出门了，宝宝可不干了，小嘴里一直“外外、外外”地叫着，把身子都快拧成了麻花，小手一直指着门，强烈要求出去玩耍。

妈妈实在拗不过宝宝，只好撑起一把伞，牵着宝宝的小手走出了家门。

好在雨没有下起来，偶尔一个小雨星落下来反而更有诗意。宝宝可高兴了，他还调皮地伸出小舌头去接不知什么时候才能落上去的雨点。妈妈的雨伞根本派不上用场，只好拿在手里，要多碍事有多碍事。

广场上，许多小朋友都在尽情地享受着户外的风光，有的在妈妈的怀抱里，有的在大人的牵扯下，都是一脸的惬意。

在广场上玩了好大一会儿，妈妈觉得他玩得差不多了，便提出回家吃饭。当听到“回家”二字后，宝宝就强烈地向相反的方向拉妈妈的手，小家伙还挺有劲儿，把妈妈带着向前移动脚步，最后妈妈只好妥协了，不再提回家的事情，宝宝又开始快乐地玩了起来。

1岁的宝宝就是这样，他们已经不甘心在家里玩要了，从他一睁开眼睛，就想去领略户外的风光。他会一边用小手指着大门，一边在爸爸妈妈的怀抱里不安分地扭来扭去，甚至人在妈妈的怀里，小屁股已经向前撅得老高，几乎从妈妈的怀里挣脱出去，并且嘴里还一直用刚刚学会的几个字嘟哝着“外外、外外……”。如果不带他们出去，那可不得了，非大哭大闹一阵不可。只要走出家门，他们就会立刻变得乖巧起来，一会儿看这边一会儿看那边，好像永远也看不完似的。对于那些出去惯了的小宝宝，户外生活更是对他们充满了诱惑，那蓝的天，绿的树，红的花，还有那些跑来跑去的小朋友，这一切，让小宝宝感到既新鲜又有趣，他已经充分体会到了外面世界的精彩。

户外生活，让宝宝受益多多

对宝宝来说，他们的身体正处在生长发育时期，随着各项能力的逐步提高，他们已经不满足于在室内玩要和生活了。而是喜欢到户外更广阔的天地中去，明媚的阳光，新鲜的空气，还有更多的新鲜事物，都令宝宝欣喜不已。宝宝可以以个体或群体的方式，动用全身感官共同参与活动，这既满足了孩子爱玩好动的天性，又增加了他们与大自然的亲近感。通过户外活动，宝宝能看到更多的人，接触更多的新鲜的东西，更有利于他们身体活动能力、社交智能、听觉器官、视觉器官等各种感觉器官的发展。

亲近自然，是孩子们最向往和渴望的事情。人与自然本身就应该是融为一体的。户外活动可以增强宝宝的体质。由于宝宝整天待在屋里，会使他对气温的变化很敏感，每当天气稍有变化，他就会出现鼻子不通气或咳嗽等不适现象。而经常在户外活动的宝宝身体一般都很强壮，因为户外新鲜空气比密闭的室内空气含氧量高，有利于宝宝呼吸系统和循环系统的发育，可增进皮肤和鼻黏膜的功能，促进大脑皮层形成条件反射，以改善体温调节能力，增强适应外界的能力和对疾病的抵抗力，从而预防感冒的发生。

户外的紫外线对宝宝的健康也颇有益处，幼儿在接受适当的紫外线照射后，可使身体产生维生素D，这有利于人体对钙磷的吸收。尤其对于这个阶段的宝宝来说，他们从饮食中摄取的钙质还十分有限，所以，晒太阳是帮助宝宝补钙最直接有效并且最简单易行的好方法。

宝宝之所以愿意往外边跑，是因为在户外活动可使自己开阔眼界，心情愉快。鲜花、绿草、空中飞过的蜻蜓和蝴蝶，还有跑来跑去汪汪叫的小狗，都使他感到很充实。他们心情好了，活动量增大了，食欲自然好，爱吃东西，不挑食。晚上的睡眠也会很好，爸爸妈妈不再为宝宝的入眠而发愁，他躺倒在床就能呼呼睡着，而且一定会睡得更香甜。

在户外活动中，宝宝能接触到更多的同龄小朋友，他们在一起玩耍，一起游戏，这些活动可以锻炼他的社会交往能力。见的人多了，宝宝自然不会认生，在妈妈的教导下，会大方地与人打招呼、再见、飞吻，简直就是一个讨人欢心的“小可爱”。

装备整齐，带宝宝出去玩耍吧

户外风光虽好，但是由于1岁前的宝宝还太小，抵抗能力差，且吃喝拉撒睡琐事繁多，所以爸爸妈妈在带宝宝户外活动时需要带上必备的“装备”，以备不时之需。

对于月龄小的宝宝，小推车是不可缺少的“交通工具”。他们还不会走路，要么在妈妈怀抱里欣赏风景，要么坐在小推车里东瞧西看。要不然总是抱着孩子，大人可是吃不消的。即使宝宝会走路了，小推车也能帮不少忙，孩子累了就上去坐坐。他需要吃的、喝的、用的都可以放在小推车里，简直是一个十足的后勤装备库。

带宝宝出门，水是必须要准备的。户外活动量大，宝宝身体散热快，如果又是温度高的季节，就更需要及时补充水分了。因为宝宝体重的70%是水分，并且新陈代谢很快，若不及时补充，宝宝因流汗过多，就容易脱水。不要照顾宝宝的口味给宝宝喝饮料，多带温开水就可以了。除了水，小零食也是必不可少的，宝宝玩饿了，就能及时吃上一点儿。有时会碰到熟人带孩子出来，人家拿出零食来，自己没有就太尴尬了。有了零食，可以跟别的小朋友交换，礼尚往来嘛！

餐巾纸和湿纸巾要随身携带，宝宝在外面很容易把小手玩脏，及时给宝宝擦手，可防止宝宝一不留神把小脏手放进嘴里“品尝”。宝宝便便了，没有纸可是不行的。

在出门前，多带几样宝宝爱玩的小玩具，到了户外宝宝更愿意玩玩具，如果自己没有，看到别的小朋友在玩，宝宝会产生抢过来的念头。为了避免宝宝实施“抢劫”，要让他自己有玩具玩，当宝宝喜欢别的宝宝的玩具时，可以进行交换。这会让宝宝学会友爱，学会与人交往。

带着宝宝到户外活动，最好选择有阳光或天气比较暖和的时候。宝宝的抵抗力比大人要弱，温度太低容易使宝宝受凉生病。离家比较近的公园是不错的选择，空气清新，环境优美，还可以免除来回奔波之苦。尽量在空旷人少的地方活动，不要抱宝宝到大型超市、商场等人多嘈杂的地方，以免宝宝因感染上病菌而发生疾病。马路边肯定不适合宝宝长时间停留，吸入大量汽车尾气的危害是极大的。

户外活动的时间也要根据季节的不同进行相应调整，炎热的夏季可在上午10点前、下午4点后带宝宝出门，春秋两季可在上午9点后至下午3点前。由于宝宝肌肤细嫩，很容易受到过强紫外线的伤害。所以，在紫外线强烈的日子，不要忘记做好小宝宝的防晒工作。出门时给他带上宽边的遮阳帽，穿上保护皮肤的衣服，如带领带袖子的衬衫等，及时为宝宝做好防护准备。

不要把宝宝留在家里，变成温室中的“花朵”。多带他出去转转，让他见见外面的世界，既能开阔宝宝的视野，又能愉悦心情。还等什么呢？装备整齐，带宝宝出发吧！

让宝宝走

宝宝开始蹒跚学步了

看到别人家的宝宝晃晃悠悠地走路，妈妈就心急地盼着自己家的宝宝赶紧学会走路。可是宝宝只能靠墙站立，任凭怎样鼓励、诱惑，他就是不敢抬起脚来。当妈妈拉着他的双手，他才敢试探着迈步，一离开大人的搀扶又不敢动了。

每天，妈妈都将宝宝抱到墙根，让宝宝立在那里，妈妈发现，宝宝突然会走路了。当妈妈在两米之外向站在那里的宝宝招手时，小家伙一下子就蹬蹬蹬地走了过来，像一阵风那样，中间没有一点停顿。妈妈高兴，宝宝更是兴奋异常。自从他敢迈开步子走路时，积极性一下就上来了，一遍一遍从墙根走过来，累得满头大汗也不肯停歇。

宝宝终于会走了，妈妈的担心也随之而去。

一般来说，宝宝长到10个月以后，就不再满足于翻身和爬行了，他们能够站起来时，就会有尝试走路的强烈愿望。当宝宝晃晃悠悠踏出第一步的时候，爸爸妈妈往往既期待又紧张，看着宝宝两个小胳膊总是在两边张着，像小燕子的翅膀一样摇摇晃晃的，总担心他会跌倒。是的，宝宝初学走路时，每个爸爸妈妈都是这种心情。

宝宝开步行走，也是他长大的一个重要标志，他可以移动脚步去任何想去的地方，去探索更广阔的天地。同时，爸爸妈妈也解放了双手，不用把宝宝抱在怀里了。

走，让宝宝视野更开阔

宝宝学走路是一个很自然的过程，随着他肢体运动能力的日益增强，在经历了翻身、坐、爬、站立之后，宝宝的走路问题就被提到日程上来。

学习行走，是每个宝宝的必经阶段。宝宝从呱呱落地，到会爬、会行走，他人生的第一年，变化真可谓日新月异。宝宝学会走路，是他成长过程中的一次重要飞跃，这意味着他的活动范围、接触范围、视力范围更广阔了，他可以从多方面去接触和认识周围环境和事物，宝宝的心理也会更快地成熟起来。最令宝宝欣喜的是，他可以支配自己的双腿，有了一定的独立活动的能力。

当宝宝有了迈步的强烈愿望时，爸爸妈妈就要鼓励宝宝学走路。可有的爸爸妈妈却认为宝宝还太小，所以不给他们走路的机会，这使宝宝腿脚的肌肉得不到锻炼，大脑思维能力也会受到影响。因为宝宝大脑传导网络的健全和大脑功能的提高，是随着他们的运动按顺序一步步发展和完善起来的。所以，宝宝有了学走路的欲望，爸爸妈妈就要大胆地让宝宝自己走。

在宝宝学走路的问题上，爸爸妈妈放不开手脚，一点儿也不利于宝宝成长，而操之过急也同样对宝宝有害。

有些爸爸妈妈看到别人家的宝宝已经能够走路，恨不得自己的宝宝也立刻能健步如飞，以显示自己的宝宝体魄强健，聪明过人，为了让孩子早日学会走路，竟让还没有学会爬的宝宝早早就站到学步车里训练起来。其实，宝宝开步不宜过早。婴儿的骨骼中的胶质多，钙质少，骨骼柔软，容易变形，尤其是下肢肌肉和保持足弓的小肌肉群发育得还不完整。如果过早地让小宝宝学走路，身体的重量必然会加重脊柱和下肢的负担，时间长了容易使脊柱和下肢变形，形成驼背、“X”形和“O”形腿，对宝宝的生长发育是有害的。

正常情况下，6个月的宝宝自己能稍坐一会儿，到7个月时开始会爬行，9～10个月的小宝宝逐步能站立，扶着东西可蹒跚地走步，到1岁左右时，大多数宝宝可以独立走路。当然，宝宝都存在个体差异，有的宝宝10个月就能走了，有的满周岁了还走不好，这都属正常现象，爸爸妈妈完全用不着担心。1岁之前是宝宝感觉调整的阶段，这种调整过程需要多少时间没有准确的标准。对于宝宝何时能开步走，爸爸妈妈应该耐心地等待，顺其自然。

宝宝快乐开步走

如果宝宝能够扶着东西站立很稳，甚至还能自己站一会儿，并且他的双腿有了向前迈步的欲望，这时就可以开始让宝宝练习走路了。当看到宝宝迈出人生的第一步时，相信所有的爸爸妈妈和宝宝都会欣喜不已。

在宝宝初学走路时，爸爸妈妈应选择活动范围大、地面平整、没有障碍物的地方让宝宝练习学步。一定要注意避开暖气片及室内锐利有棱角的物体，以防止宝宝发生意外。同时还要给宝宝穿上合适的鞋和轻便的服装，这样有利于宝宝随意活动和行走。

让宝宝扶物行走，是帮助学步期宝宝学会走路的一个行之有效的好方法。爸爸妈妈可充分利用家中比较低矮的家具摆设，如沙发、床、椅子等，让宝宝扶着这些物体来回慢慢移动身体。通过手脚和身体的挪动配合，能够使宝宝的身体协调能力和平衡感得到很好的训练，为宝宝学走路打下良好的基础。

初学独立走路时，爸爸妈妈可拉住宝宝的双手或单手让他学迈步。锻炼一个时期后，宝宝就能开始独立地尝试行走了，这时爸爸妈妈可让宝宝靠墙站立，站在宝宝面前一米远的地方鼓励他向前走。刚开始时，宝宝可能会步态蹒跚，向前倾着，跌跌撞撞扑向爸爸妈妈怀中，这是很正常的表现，因为他的重心还没有掌握好，平衡能力差。行走是靠两条腿交替向前迈进，每走一步都需要变换重心才能步伐稳健。宝宝初学走路，往往就是在摸索如何掌握好重心来协调行走的，所以才摇摇晃晃。不要担心宝宝会摔倒，要鼓励宝宝，继续帮助他一次一次地练习，这样他会越走越稳，越走越远，用不了多长时间，宝宝就能“独走天下”了。

在宝宝学习行走的过程中，爸爸妈妈的帮助会对宝宝起到很大作用，不管是心理暗示、语言鼓励还是实际的辅助，都将能让宝宝早点儿开步走稳。初学走路的宝宝在迈步前都会犹豫不决，这时爸爸妈妈要给宝宝信心。当宝宝不敢向前走的时候，一定要用“宝宝好棒，自己走过来”“妈妈在这里等着你”等言语来鼓励宝宝，并轻松地微笑着，张开双臂做出努力来迎接宝宝的姿势，让宝宝乐于向爸爸妈妈走近。宝宝向前一步，妈妈后退一步，这样一步一步地走下来，宝宝的胆子就练出来了。宝宝走到了目的地，要拍拍手表扬他走得真好，把他抱起来亲亲。并大声地赞美宝宝“好棒”，这会使宝宝受到激励，更加坚定自己走路的信心。

当宝宝开始学走路、爱上走路之后，爸爸妈妈就要把重心转移到宝宝的安全问题上来，要及时给宝宝创设一个安全行走的环境。首先，不要让宝宝远离爸爸妈妈的视线，要时刻跟随在宝宝身后。当地面湿滑时，要提醒宝宝绕行。前方出现障碍物时，爸爸妈妈应及时予以清除。在家中行走时，家具的边边角角是潜在的危险，最好将这些尖锐处包裹好，以免宝宝出现意外撞伤。总之，保护好宝宝，不让他们意外受伤是每个爸爸妈妈应尽的职责。

放手让宝宝走吧，他会在跌跌撞撞中逐步成长起来，这对于他的成长至关重要。宝宝会在学习的过程中获得经验、总结经验，并自行摸索前进，最终健步如飞。

宝宝会用杯子喝水喽

宝宝学用杯子的好时机

一只漂亮的小杯子令宝宝爱不释手，妈妈指着杯子说："这只小杯子是给宝宝喝水用的，今后宝宝就不用奶瓶喝水了。"

7个月的宝宝对妈妈的话似懂非懂，他只是喜欢小杯子。

当妈妈感觉宝宝需要喝水时，就在小杯子里倒上适量的温开水准备端给宝宝。宝宝坐在那里一直看，妈妈把小杯子递到他的嘴边时，宝宝边看妈妈，边张开小嘴，妈妈小心地把水沾到宝宝的唇边，宝宝伸出小舌头舔了舔水。用惯奶瓶喝水的宝宝，第一次嘴里不含奶嘴，他不知所措，心里明白妈妈是让他喝水，可就是喝不到嘴里去。

很有耐心的妈妈让宝宝一点一点地尝试着喝水，渐渐地他掌握了要领，尽管喝进去的水没有流出来的多，但毕竟是他的第一次尝试。

告别用奶瓶喝水，是宝宝成长的一个重要里程碑。让宝宝学会使用杯子喝水是促进宝宝神经发育的好方法，在宝宝使用杯子喝水时，需要手的配合，嘴巴的配合，这一切还需大脑来指挥。看似简单的动作，对于几个月的宝宝来说可是一件很了不起的事情呢！所以，爸爸妈妈不要为图省事而一直让宝宝用奶瓶喝水，要给宝宝锻炼自己使用杯子的机会。

6～7个月的宝宝能独坐自如，并且他的动手能力已经开始发展，当宝宝能够自己用双手握紧奶瓶时，就可以为他提供练习用杯子喝水的机会。让宝宝学会用杯子喝水，是让其掌握一项生活技能，使宝宝知道除了乳头和奶瓶外，还有另一种吸取水分的途径。在宝宝使用杯子时，不仅可以使他手部的小肌肉得到锻炼，肢体动作的协调性进一步加强，还能培养宝宝的自信心，也是帮助宝宝走向独立的另一个开端。

这个阶段的宝宝比较容易接受"新生事物"，因为他对什么都感到好奇，所以自然也很容易接受杯子。爸爸妈妈不要错过这个关键期，生活中尽量减少让宝宝使用奶瓶喝水的次数，引导宝宝逐渐从奶瓶过渡到使用杯子上来。否则，随着宝宝渐渐长大，他会越来越依赖奶瓶，到那时再教他使用杯子，宝宝就会产生抗拒心理，从而使他对学习使用杯子喝水及戒断奶瓶形成障碍。当然，最初宝宝还不能用杯子喝水，但可以有意识地让孩子熟悉杯子，为用杯子喝水做准备。

引导宝宝学用杯子喝水

让宝宝学会用杯子喝水，不是一天、两天就能见效的，爸爸妈妈要有耐心。宝宝的小嘴从吸吮过渡到喝，对宝宝来说，可是一个不小的台阶。它不仅需要一个渐进的过程，也需要掌握一定的技巧。

教宝宝学用杯子喝水时，爸爸妈妈可以给宝宝准备一个漂亮的"鸭嘴形"学饮杯。这种杯子造型奇特，宝宝容易喜欢上，且流量又不会太大。这时宝宝的小手虽然已经具备了一定的抓握能力，却还停留在吮吸阶段，还不会"喝"，要让他们从吮吸转向喝，首先要训练他们将杯子递送到嘴边的准确度，爸爸妈妈要帮助宝宝练习这个动作，宝宝一时学不会没关系，当前主要是让他熟悉杯子，适应杯子。

待宝宝已经接受杯子时，可以在杯子里放少量的水，试着让他用杯子喝。刚开始可以让宝宝双手端着杯子，爸爸妈妈帮着往嘴里送。当他能较稳地拿杯子了，可逐渐放手让他自己端着杯子往嘴里送。这样经过一段时间的适应，宝宝就能自己用杯子喝水了。

让宝宝学用杯子喝水，爸爸妈妈要看着宝宝一口一口慢慢地喝，喝完再添。如果宝宝不适应一口接一口地喝，可以喝一口停一会儿，让宝宝有机会咽下去。千万不能一次给宝宝杯里倒过多的水，让他大口地喝，以免呛着宝宝。

在宝宝练习用杯子喝水时，爸爸妈妈要用赞许的语言给予鼓励，来增强宝宝的自信心。为了让宝宝有兴趣用杯子喝水，不妨采取游戏的形式，如同宝宝进行喝水比赛，给宝宝表演喝水动作，这些行为都能提高宝宝的学习兴趣和热情。

为了宝宝的安全和健康，一定要为宝宝选用安全的杯子。首先是不宜打碎的，其次是不含有化学成分而且消毒达标的。在给宝宝使用杯子前，爸爸妈妈可以先选择几个杯子，分别拿给宝宝用，看宝宝喜欢哪个杯子，以后就拿这个杯子让宝宝学习使用。宝宝喜欢的杯子，自然学习起来兴趣就大，学得也就更快了。

在教宝宝喝水时，可以让宝宝舒舒服服地坐在爸爸或者妈妈的腿上，也可以坐在婴儿车或高椅上，让宝宝既感到舒服，又有安全感。当爸爸妈妈用杯子喂宝宝时，不安分的小宝宝肯定会伸手抢抓杯子，似乎在表达“我自己也能来”。这时爸爸妈妈不妨让宝宝试试，不要怕宝宝打翻杯子，这是宝宝学习使用杯子的必经过程。

当然，宝宝不喜欢使用杯子时也不必勉强，不要硬逼着宝宝用杯子喝水。如果爸爸妈妈试了好几次、更换了许多不同的杯子，宝宝仍然拒绝使用，那么不妨过一段时间再试试。当爸爸妈妈重新拿着一个漂亮的杯子举在宝宝面前时，说不定宝宝一下子就会被它所吸引，从而很快就学会了使用杯子喝水。

小勺带来的乐趣

1岁宝宝的勺子争夺战

一家人围在一起吃饭，宝宝坐在小凳上享受着妈妈的“超级服务”，妈妈把小勺里的饭送到他嘴边，宝宝张开小嘴接住，然后咀嚼几下咽下去。就这样，在一递送，一接吃的往复中，宝宝吃得十分香甜。

可是这样的日子并不长久，在宝宝快到1岁的时候，他吃饭就开始变得不老实起来。在一次喂饭中，宝宝突然对小勺来了兴致，猛地伸出双手，来抢妈妈手中的勺子。妈妈被宝宝突来的袭击吓了一跳，以为他在捣乱，怕他拿到勺子不知轻重乱敲一气，于是对宝宝说：“宝宝乖，现在你还不能拿着玩，这是吃饭用的，不是玩具。”

宝宝不肯放手，嘴里还“呜呜啊啊”地叫着，仿佛在同妈妈讲道理。同时，他的小手抓得更紧了，拼尽了力气也要把小勺夺过来。后来开始大叫着发脾气，就是不肯放松自己的小手。

在僵持不下的情况下，妈妈只得做出让步，把小勺给了他，并赶紧说：“宝宝乖，不要乱敲东西哦。”

宝宝抢过来小勺，把它紧紧地攥在手里，好像生怕小勺被人抢走似的。然后，他笨拙地将小勺使劲儿插入饭中，模仿妈妈的样子把勺子里的食物送到自己嘴里。原来，宝宝是想自己“吃饭”呐!

小勺对于1岁宝宝来说，迷人而充满诱惑。他会高兴地拿着小勺在空中挥舞，还会用小勺敲打桌子或茶杯。宝宝如此青睐小勺，当然最主要的是他知道小勺能将碗中的饭送到自己口中，而自己动手吃饭又是十分自豪的事情，所以，当妈妈用小勺喂饭时，他总是会频频产生“抢过来”的念头。

宝宝抢勺子的举动，大多在1岁左右发生，有的宝宝可能会出现得更早些，7~8个月时就会产生。宝宝抢勺子可不是为了玩耍，而是想要自己吃饭。宝宝有自主吃饭的意识，可是可喜可贺的事情，爸爸妈妈一定要给予支持和鼓励，并利用好这个大好契机，及时教宝宝试着学用小勺。只要引导及时得当，宝宝更容易提早掌握使用勺子吃饭的本领。宝宝学会了自己吃，也可以锻炼宝宝的独立性和眼手口协调能力。不要担心宝宝吃不好，或嫌宝宝把饭菜弄得到处都是，这是所有宝宝初学吃饭时都需要经历的。如果不给宝宝锻炼的机会，他们在学会自主吃饭的道路上将会走得很长，相应的锻炼就更谈不到了。

享受小勺吃饭的乐趣

当宝宝出现抢夺勺子的行为时，爸爸妈妈不要拒绝，而要抓住这个引导宝宝学会独自进餐的好时机。不妨给他准备一个勺子和一个木制（或其他不容易摔碎的材质）的小碗，让宝宝当作玩具来自己拿着，比画比画吃饭的动作。这时的宝宝一般还不会用小勺来挖碗里的食物，而是喜欢拿着餐具高兴地敲敲打打，那就让宝宝尽情体验一下勺子和小碗敲击的交响曲吧，这对培养宝宝的自主吃饭意识也是很有帮助的。

每次吃饭前，要给宝宝穿上一个围兜，尽量防止宝宝弄脏衣服。爸爸妈妈在喂宝宝的同时，也可把饭菜拨一点点放在宝宝的小碗里，比如几粒米饭、一片菜叶，让宝宝试着自己用勺子挖起来送进嘴里。如果宝宝没有成功也不要责怪他，即使把饭菜撒到了地上，也不应该过分批评宝宝，更不能因此而制止他。爸爸妈妈在培养孩子的独立性、自理能力时要有耐心，不要随意斥责，更不能因此让他失去学习的机会。即便宝宝弄得手、脸、衣服上到处都是饭，甚至摔碎碗杯等，也要鼓励他继续尝试。否则，会令宝宝失去兴趣。只要多给宝宝机会，宝宝就会逐渐熟悉并掌握这些技巧。

当宝宝用小勺将饭成功吃到嘴里时，爸爸妈妈一定要及时予以鼓励，夸他“很能干”“真棒”，亲亲宝宝的小手，分享宝宝成功的快乐。这样宝宝会很开心，自己动手的积极性就更高了。

让1岁的宝宝学习用勺子吃饭，主要目的是让他熟悉操作过程，只要宝宝愿意参与就算达到了目的。这时宝宝吃饭主要还是靠大人喂，随着宝宝动手能力的加强，可以试着让宝宝独立吃完一部分食物。当他嫌使用勺子麻烦，想动手去抓饭时，也没必要去阻止，对于一些小馒头、小包子之类的食物，完全可以让宝宝自己拿着吃。这样利于宝宝今后逐渐过渡到自己吃饭。

宝宝开始使用勺子时，他可能还分不清凸凹面，爸爸妈妈发现宝宝拿反了，要及时帮助宝宝纠正过来，并示范给宝宝看。此外，还要允许宝宝左右手用勺，有的爸爸妈妈看到宝宝左手拿勺，生怕宝宝成了“左撇子”，总是忙不迭地给宝宝调整。其实，没有必要迫使宝宝非用右手不可，两手并用更有助于宝宝大脑的发育。

1岁的宝宝刚开始学用小勺，他的动作不够熟练，可能还很笨拙，爸爸妈妈一定不能因为怕宝宝“捣乱”而剥夺了他的权利。要多给宝宝机会，相信宝宝的能力，让他充分体会小勺带来的乐趣。只要爸爸妈妈多费心思教他，等宝宝学会了，大人就省心省力了。

CHAPTER 04

发现与引导——1岁幼儿的性格“萌芽”

1岁幼儿的小小身体里隐藏着各种可能，任何一个苗头都有可能成为他们日后的主要性格，关键是看父母如何发现与引导。1岁幼儿心理、思维、智力的发展尚未完善，但其中有些积极的品质已经崭露，成为最早性格教育的契机。父母应抓住这个契机，发现幼儿身上积极的方面，并及时引导。

告诉孩子对和错，会让他安心

明白对错，才能消除不安

客厅里，宝宝偎依在妈妈腿旁和妈妈一起看电视，宝宝看了一会儿，就手扶着茶几练习走路，他一刻不停地走着，围着茶几转了好几圈。也许是走累了，小家伙停了下来，抓起放在茶几上的遥控器就摔打，一开始看见什么打什么，当妈妈劝说宝宝不要乱打时，他竟然用遥控器来打妈妈的腿。

对于乱打的小宝宝，妈妈并没有呵斥他，也没有把手掌印印在他的小屁股上，而是接过遥控器在他的手背上磕了一下，让他体验一下被打的滋味。宝宝明显感觉到了疼痛，小手向后缩了缩，然后放到背后，大眼睛忽闪忽闪地看着妈妈，显现出一副不安的样子。

妈妈把他抱在怀里，柔和地告诉宝宝："宝宝，遥控器不能打人，打人很疼的。"他明白似地点点头，说："凳凳。"意思是遥控器可以打凳凳，然后拿起遥控器在旁边的沙发扶手上敲了敲。

妈妈在他的小脸上亲了一下，说："遥控器是用来调电视的，不是用来打的。"妈妈用遥控器给宝宝演示，一个台、一个台地调换着。

宝宝坐在妈妈怀里，又四处乱看起来，刚才的不安也随之"烟消云散”了。妈妈相信，宝宝虽然还不懂得遥控器和打人之间的关系，但告诉孩子对与错，会让他逐渐明白，这个世界有着是与非、好与坏、能与否的界限，宝宝只有懂得了这些规则，才能消除内心的不安，从而学会从容坦然地面对。

是非懵懂期

1岁的小宝宝基本还是“小迷糊”一个，他们的行动全凭本能和兴趣，有时宝宝正在玩玩具，突然把手中的玩具扔到一边，又去翻彩色卡片了。他常常不知道自己因为做了什么“好事”而得到妈妈的亲吻，也不晓得自己做了哪些“坏事”而被妈妈称作“小讨厌”！

可爱的1岁宝宝就是这样，他们任意做自己想做的事、做令自己感到开心的事、做能引起他人关注或反应激烈的事。至于对与错、好与坏，在他们心里是没有概念的。即使爸爸妈妈提出批评或者阻止他们的行动，他们也往往不明就里，不知所措。

对于1岁的宝宝来说，他们整天在爸爸妈妈和亲人的呵护下，生活得无忧无虑。而爸爸妈妈又认为他们还太小，所以不管宝宝干什么都不生气，采取放任的态度，这使他们想做什么都不受限制。结果宝宝就会觉得既然自己做什么都没有人反对，就由着自己来吧。于是，摔东西，打人现象就会出现，在他心目中这也是正常的。

宝宝之所以会出现这种不知对错的行为，主要还是因为爸爸妈妈没有及时教给宝宝什么是对，什么是错，他们没有对或错的参照。宝宝的生活经验需要爸爸妈妈来提供，这就需要爸爸妈妈平时在点滴的生活中时时不忘给他们灌输什么是对，什么是错。宝宝积累了一些经验，自然会主动约束自己的行为。如热水是烫的，宝宝知道后就不会去乱摸热水瓶、冒气儿的锅，因为他们知道烫的概念。

当宝宝做错了事情时，爸爸妈妈的态度要和蔼，心平气和地给他解释为什么错了，并让他下回注意。宝宝一次可能记不住，可以多叮嘱几回。当爸爸妈妈把道理讲明白后，宝宝即使一时改正不了，也会消除恐惧和不安，这才是最重要的。而若不分青红皂白地狠批宝宝一顿，甚至打他的小屁股让他长记性，会使宝宝畏缩不前，本来正常的探索也不敢轻易尝试了，不利于其良好性格的形成。遭受暴力的宝宝，也许会复制这些暴力手段，在今后的生活交往中学会用拳头说话。

引导宝宝知道对与错

多数的1岁孩子都不明事理，这就需要爸爸妈妈及时予以引导，在让宝宝明白对与错的时候，需要讲求方式方法，营造一种让孩子感到舒服和愿意接受的气氛。只有这样，这些“小迷糊”才更容易“开窍”。

由于宝宝并不懂得什么行为是“正确”的，所以他也不明白什么行为是真正的“捣乱”。

1岁宝宝对垃圾情有独钟，总是趁人不备就溜到厨房的垃圾筐边，伸手就往里抓，甚至端起垃圾筐来不顾一切地倾倒，弄得满身都是。面对满地狼藉，妈妈不要批评和斥责，而是要告诉宝宝垃圾是脏的，是不能玩的。然后把垃圾收拾进垃圾筐，让宝宝端着，抱他一起来到楼下的垃圾桶前，让宝宝把筐里的垃圾亲自倒进去。妈妈一定要表扬宝宝。宝宝受到表扬后自然高兴，以后他会到处找垃圾往筐里放，然后让妈妈抱他去扔垃圾。宝宝通过实际生活体验，知道玩垃圾是不卫生的，还学会了收集垃圾，从而为今后养成讲卫生的好习惯打下坚实的基础。

1岁的宝宝看似是一个没心没肺的小家伙，其实他的眼睛一直都没有离开爸爸妈妈，他们的生活经验都是通过模仿爸爸妈妈的行动而得来的，从观察爸爸妈妈对待人、事、物的态度，学会什么是对、什么是错，什么是好、什么是坏。所以，在生活中，爸爸妈妈要以身作则，多给宝宝正面的影响，使宝宝有榜样可依，以便自觉规范自己的行为。

宝宝需要爸爸妈妈关注的信号，当宝宝做了对的事情时，爸爸妈妈一定要及时给予鼓励和赞扬，如兴奋地对宝宝说“真乖”“真了不起”等赞美之词，或把他抱起来亲亲他的小脸蛋或拍拍他的小脑袋，让宝宝看到爸爸妈妈愉快的表情，听到亲切的赞扬，享受到一个甜甜的亲吻。对宝宝的正确行为给予及时和积极的响应，可以对宝宝起到激励作用，会让宝宝对自己形成良好的评价，树立最初的自信心。

当宝宝无意识地做出某些不适当的事情或某些危险的举动时，爸爸妈妈不能听之任之，但也不能只是一味地严厉制止。简单的一句话往往还不能让宝宝理解其中的含义，最好再加上些略带严肃的表情和语调，这会让教育宝宝的课堂变得更有趣，也更容易被宝宝接受。如宝宝看到发亮的灯泡要去触摸时，爸爸妈妈要用稍带严肃的语调，再加上微怒的面部表情告诉宝宝：“不能拿，危险。”当然宝宝并不懂得什么是“危险”，但他能从爸爸妈妈的声音和表情上看出：他做的事是不对的。当宝宝停止行动后，要立即予以表扬，夸他是懂事的好宝宝，这样他就更能从爸爸妈妈的表情和态度中理解和加深对与错的概念。

告诉孩子对错，可以使宝宝少走“弯路”，爸爸妈妈要注意在生活中给予宝宝正确的引导，使宝宝在成长的第一年里，不仅健康、聪明，而且能够具有是非对错的观念，并学会不断修正自己的行为，从而逐渐提高辨别是非的能力。

爱的萌芽——1岁幼儿的爱的引导

1岁宝宝的“伴哭”

宝宝1岁了，妈妈抱着他到公园里游玩，小家伙可高兴了，他睁着亮晶晶的大眼睛四处看着。母子俩都有些累了，妈妈将宝宝放到长椅上坐下，从包里拿出水瓶递给宝宝。宝宝双手捧着水瓶，咕嘟咕嘟地喝着。

喝完水后，宝宝发现对面的长椅上也有一个和自己差不多的小朋友，高兴地扯着妈妈的衣角，嘴里啊啊地叫着，妈妈看看说：“宝宝是不是喜欢和那个小妹妹玩啊？”宝宝不住地点着头。

妈妈准备抱着宝宝去对面找小朋友玩，还没等站起来，对面的小朋友可能是没有坐稳，身子向后一仰，后脑勺磕在了椅背上，小嘴儿一咧，“哇”地大哭起来。她妈妈赶紧抱起来哄着孩子。

宝宝的眼睛一直没有离开对面的小妹妹，听到小妹妹的哭声，他也撇撇小嘴，“哇”地一声哭了起来。

妈妈也把他抱在怀里，说：“哭还传染？人家哭，你还做伴！”

宝宝依旧哭着，鼻涕一把泪一把的，好像自己也被磕碰疼了似的。直到对面的小妹妹不哭了，他才渐渐止住哭声。

爱心的萌芽

生活中经常能看到这种情况，几个差不多大的小宝宝在一起玩耍，只要有一个哭了，其他的孩子也会先后加入哭的阵营，一个比一个叫得响。宝宝的这种伴哭现象，实际上就是爱心的最初萌芽。此时的他们，还不懂得、也不会用语言和行动来安慰小伙伴，只能用哭声来表达他们心中最简单、最原始的同情和爱。

1岁的宝宝已经会表示出对周围环境的喜爱，他们希望与其他人分享他们的喜悦。当宝宝看到一只可爱的小花狗跑来跑去时，他会拉妈妈，让妈妈也看。他们把自己最喜欢的玩具拿来放在妈妈的膝盖上，是想让妈妈欣赏一下他的好东西。1岁的宝宝不仅具备了各种基本的情绪和情感，而且出现了高级情感的萌芽。他们看到别人笑时，也会跟着高兴得手舞足蹈；看到别人哭，也会跟着伤心流泪，这说明他们有了最初的情绪感染和共鸣。

幼儿虽然小，但是他也能够感受他人的痛苦和快乐，给予他人最真诚的爱。只要爸爸妈妈在宝宝爱心萌芽之初，给予宝宝正确的引导和保护，并使其不断茁壮成长，他就能够获得永久的爱心和快乐。

引导宝宝如何去爱

培养宝宝的爱心，是培养其他良好情操的基础。为了拥有一个“爱心宝贝”，爸爸妈妈一定要从小重视对孩子的爱心培养。

爸爸妈妈是孩子最好的老师，在与宝宝交流时，说话的语调与口气将直接影响宝宝的语态和心态。如果爸爸妈妈温柔地对宝宝说话，在言语时表达出温和与友善，那么宝宝就会模仿，并以同样友善的方式对待其他人。同时，爸爸妈妈孝敬老人，友善邻里，关爱他人的言行，也会为宝宝树立好的榜样。通过与爸爸妈妈朝夕相处，模仿和体验爸爸妈妈的爱心，宝宝也会逐渐获得爱心。

一个人只有心中有爱，才能将这份爱的种子播撒给更多的人。为了宝宝能成为爱心天使，爸爸妈妈要经常爱抚宝宝，多对他微笑，让宝宝感受到爸爸妈妈对他无限的爱和体贴，感受到家庭的温暖和被爱的幸福，这是孩子萌生爱心的起点，也为他将来奉献爱心打下良好基础。

1岁的宝宝虽然语言表达刚开始起步，但是他们能听得懂爸爸妈妈给他讲的爱的道理了。为了增强宝宝的爱心，可以通过讲故事的形式，为宝宝灌输有爱心的道理，引导他同情善良的人。如善良的白雪公主、可爱的灰姑娘、没人理睬的丑小鸭等。告诉宝宝她们的遭遇多么悲惨，她们有多么可怜和痛苦伤心，是多么需要帮助，让宝宝产生怜悯之心，慢慢让他的同情心和爱心生根发芽。

宝宝天生喜欢小动物，在保证宝宝安全的前提条件下，不妨在家建立一个动物饲养角，饲养一些容易存活的小乌龟、金鱼、小鸟等，让宝宝每天给小动物喂食，观察小动物是否饿了、冷了、不舒服了。宝宝会把它们当好朋友一样看待，这既培养了宝宝的观察能力，又培养了他的爱心、同情心和责任感。

助人为乐是爱心最直接的体现，同情心和爱心只有落实到行动上才能真正得到升华。爸爸妈妈要引导宝宝了解弱势群体，如和宝宝一起帮助老人过马路、光顾在街边摆摊的老人，或者带他去参加一些爱心慈善活动，从小让宝宝养成帮助他人的习惯。当然，1岁的宝宝可能对这些行为还不太理解，但他能从被帮助人的笑脸上，感受到帮助别人的快乐。

爸爸妈妈还要做个有心人，在日常生活中多多注意观察宝宝的表现，一旦发现孩子的友善行为，如将自己的玩具递给小朋友，给正在看报的爷爷拿来眼镜等，就要及时地亲吻、拥抱或赞扬他，以强化宝宝这种爱的举动。宝宝受到了鼓励，以后自然会更加积极地做出类似举止。相反，如果爸爸妈妈视而不见，宝宝做出同样行为的频率则会低得多了。

1岁宝宝“宽养”好——敏感性格早预防

警觉的宝宝

宝宝睡着了，妈妈蹑手蹑脚地离开床边，一点儿动静都不敢弄出，这小家伙非常敏感，看似睡得十分香甜，可有一点儿动静他就会醒来。有时妈妈也感到很困惑，1岁以内的宝宝睡眠是比较多的，人家孩子叫都叫不醒，自家的孩子可倒好，不要说一碰就醒了，只要有一点儿声音，睡梦中的他也能听得见。心情不好时，还要大哭一场，似乎在埋怨把他吵醒了。

在生活中他也是一个十分敏感的小家伙。都1岁了，见到不熟悉的人，一律不看，不接触，老实地待在妈妈的怀里。人家要是抱一抱他，那可了不得了，他会没命地号叫，死死抓住妈妈的衣领不放。弄得妈妈很尴尬，只好解释说孩子认生，真是拿他没办法。

家有敏感宝宝，爸爸妈妈也十分苦恼。对他说话口气稍重些，他就觉得委屈，“哇”地一声便大哭起来，更别说批评、斥责和打他的小屁股了，那可是万万不能的。看着别人家的宝宝大大方方地跟人打招呼、问好，妈妈责怪几句，甚至打几下小屁股，也没有一点儿受伤害的意思，不由地心生羡慕，看人家的孩子多好养，自家的孩子怎么就如此难弄呢？

溺爱与小心让宝宝更敏感

在当今社会，敏感型的宝宝越来越多。这些娇气的孩子似乎是一朵朵柔弱的花儿，经不起一点儿风雨，如同不让碰的“含羞草”，总是哭哭唧唧的。他们不让生人抱，喝奶哭，穿衣哭，换尿布哭，睡觉哭，摸一下就尖叫，起居没规律，实在是不好带。

有些宝宝的敏感是与生俱来的，先天气质使然。从一出生开始，他们就对任何刺激都很敏感，从衣服的质地到房间的温度，从尿片湿了到更换奶瓶，从环境中的噪声到拥挤的人群，都会让敏感宝宝表现得不适应。有时开一下灯，或妈妈变了一个抱他的姿势也能让宝宝大哭起来。带宝宝到超市走一遭，超市中明亮的光线和嘈杂的声音也会使他非常痛苦，哭闹不止。这都是因其敏感性高而造成的，而敏感性较低的宝宝对环境或生活规律的适应性则会强些。

还有些宝宝本来没有那么高的敏感度，后来也成了高敏感的宝宝。这与爸爸妈妈的教养方式有很大的关系。为了给宝宝创设安静的环境，在宝宝睡觉时，是一点儿动静也不能有的。结果，宝宝反而不适应嘈杂的环境了。有的爸爸妈妈觉得宝宝小，不懂事，即使宝宝做错了事情，也不提出批评，使宝宝觉得生活就应该是这样的，养成了说不得的毛病。1岁宝宝的生活空间本来就是以家为主，爸爸妈妈本身不爱出门，或很少带宝宝出去与人交往，宝宝胆小怕生也就在所难免了。

过度而教条地注重环境的简单性和秩序性，并不利于宝宝的成长。宝宝虽然小，但也有调节的能力和适应能力，爸爸妈妈没必要对宝宝过于溺爱和小心，不管什么事情都顺着来，搞得宝宝适应能力越来越差，胆子越来越小，这容易造就宝宝敏感、娇惯的性格。其实，宝宝还是宽养的好，适当让宝宝经受点风雨对他们的成长是大有好处的。

给宝宝自由发展的机会

敏感的宝宝在1岁以内就表现得很明显了，孩子小时候的行为，很可能形成将来的性格。为了不使宝宝的敏感行为向不良的方向发展，妨碍其健康成长，爸爸妈妈一定要重视起来，对宝宝这种倾向越早发现，越早干预，宝宝就越容易“脱敏”。

在生活上，不要过度溺爱孩子，在宝宝睡觉前，可以适当播放轻缓的音乐，培养宝宝的睡眠机制。不要认为睡觉时安静的环境是第一重要的，其实在生活中没有绝对的安静。室内安静了，窗外还有汽车的嘈杂声，还有建筑工地的轰鸣声，还有邻居大声说话和小贩的叫卖声，这是我们不能阻挡的。所以，宝宝睡觉时，不要担心他会被吵醒，爸爸妈妈只需按照正常的生活进行，该怎样做就怎样做，想做什么就做什么，只要不是特别尖锐的噪音就可以了，适当的声音还可以锻炼宝宝适应环境的能力。

1岁的宝宝正处于依附关系建立期，他们对爸爸妈妈的依赖程度比较高，这时爸爸妈妈应该适当地让其他家庭成员多和宝宝建立信任关系，这样他们就不会事事依赖爸爸妈妈，也能更容易与生人接触。需要注意的是，当宝宝6～7个月刚开始建立依附关系时，爸爸妈妈不要强迫他一定要去跟外人接触，这样反而可能让有些孩子在未来出现退缩、畏惧心理。因为在这个时期，孩子主要从认知父母的角色开始，然后再衍生到建立与其他人的关系。即使培养宝宝与他人交往，也要从爸爸妈妈开始，当宝宝看到爸爸妈妈与人经常在一起交往时，他也会逐渐建立信任感。

爸爸妈妈还要多带宝宝参加一些集体活动和应酬，让他处在人多的环境中，接触更多的人，这不仅可以使他增长见识，还能锻炼和培养宝宝的自信心。也可以多带宝宝去有孩子的朋友家做客，或者邀请朋友一起带孩子出去玩耍，让宝宝学会和小朋友交往，主动与人握手或拥抱，让他感受友爱的快乐。

平时要处处注意培养宝宝的独立性、坚强的毅力和良好的生活习惯，鼓励宝宝去做力所能及的事情。当宝宝遇到困难时，不要一味包办，最好要让他自己想法解决。当然，爸爸妈妈要给予必要的指导，使宝宝慢慢学会自己处理各种事，而不能一下子就不问不管，使孩子手足无措，这样会使孩子更加胆小。不要小瞧1岁宝宝的能力，他们也能按照自己的意愿做事情，尽管各种协调能力还很差，但是万事都有一个开头，早一日给宝宝自主活动的自由，他们就能早一日成熟起来。

有些孩子胆小，是在生活中受到了不良的影响造成的。爸爸妈妈如果脾气暴躁，宝宝自然会受到惊吓，变得胆小。所以，爸爸妈妈一定要收敛坏脾气，给孩子创设一个民主温馨的家庭环境，宝宝自然也会逐渐自信起来。

新的一天，对宝宝来说都是一个新的环境。宝宝在接触和适应新的环境的过程中，需要爸爸妈妈前期的陪伴，在孩子渐渐熟悉的基础上，爸爸妈妈再有意识地让孩子表现自己。否则，孩子会不知所措，自然就变得缩手缩脚。

孩子在自由与自主中发展自己独特的性格，并通过他的意志、意识、行为及情感表达与表现着。但是在这一自由与自主的过程中，他们会受到生活环境以及爸爸妈妈有意识或无意识的影响，一些性格的偏差也会在孩子的身上出现。要想宝宝及早“脱敏”，拥有一个大度、自信、开朗的性格，给予宝宝自由发展的空间很重要。

满足也要有技巧——训练1岁幼儿的耐心

宝宝，等一等

宝宝醒来后，看身边没有人，自己的小肚子又饿了，便用哭声通知妈妈。

妈妈听到宝宝的哭声后，知道他在叫餐了，但并没有立即动身赶过去，而是在远处应着宝宝说："宝宝，不哭哦，妈妈就来了，你等一等妈妈好吗？"

宝宝果然不哭了，他已经习惯妈妈应声过后，再过一小会儿的时间才能来到。果然，没一会儿，妈妈过来了，把他抱起来，安排他舒舒服服地躺在妈妈的怀里，妈妈边解衣服，边对宝宝说："宝宝好乖哦，不急不急，马上就开饭喽！"然后才把乳头塞到宝宝的嘴里，宝宝香甜地吃了起来。

有的爸爸妈妈因爱子心切，只要宝宝一哭，就紧赶慢赶地跑来，生怕"怠慢"了宝宝。该满足的予以满足，不该满足的也一律满足，结果宝宝的性格越来越急躁，越来越娇惯，没有一点儿耐心。说喝奶就要立即喝到，冲奶的时间都不能等；看上什么玩具，马上就得要，否则就大哭大闹，不达目的不罢休。

爸爸妈妈们往往觉得宝宝就该是这样，他们又不会说话，哭叫时大喊大叫是很正常的。其实，宝宝的哭叫和好动爱玩并不代表其耐性缺失，许多时候是爸爸妈妈不当的养育方式造成了宝宝没有耐性。

对于1岁的宝宝来说，及时满足宝宝的需求是无可厚非的，但满足宝宝的需求也要讲究技巧，这对于宝宝的耐心培养大有裨益。

爸爸妈妈过度的“爱”，使宝宝的耐心受了伤害

爱孩子是每一个爸爸妈妈的共性，爸爸妈妈觉得宝宝小，连自理的能力都没有，不给他足够的关爱和照顾怎么行？于是，父母对宝宝呵护有加，随时满足宝宝的一切需求，而且越快越好。这无疑带给孩子一种错觉：我要干什么就得马上干什么。这样带来的后果，只能使孩子欲望的沟壑越来越深，很快会令爸爸妈妈应接不暇。但紧急刹车，必然引来一场哭闹并以爸爸妈妈的妥协告终。结果是爸爸妈妈过度的“爱”使宝宝很“受伤”，还养成了他没有耐性的性格。耐性不足的孩子，情商和逆境商相对较低：他们比较散漫，自控力弱，做事有始无终，而且适应性差，喜欢依赖，不容易融入新环境。在挫折面前，往往表现出急躁、知难而退甚至暴力的苗头。同时，缺乏耐性的孩子很少有幸福的感觉，他们也不懂得什么叫“珍惜”，尽管得到很多，也没有满足感。

可以说，宝宝的没耐性，是由爸爸妈妈日常的错误行为造成的，使宝宝的“耐性学习”失去了应有的环境和正确的航向。为了孩子未来拥有良好的性格，爸爸妈妈应从小为宝宝提供锻炼的机会。孩子的好耐性，是可以从生活中锻炼出来的。对于1岁的宝宝，可以在巧妙地延迟满足其需求的同时，使宝宝逐渐拥有耐心，懂得等待。

耐心训练从1岁开始

一个人的耐心是与年龄成反比的，然而“耐性”这种特质，必须从小

开始培养。让宝宝学会等待，是耐心培养的重要方式之一。当宝宝有需求时，爸爸妈妈可以告诉他“等一下”。当然，对于1岁的宝宝来说，他还不太明白“等一下”的含义，爸爸妈妈不妨把“等一下”具体化，让宝宝看到什么是“等一下”。如当宝宝急着和妈妈一起出门玩耍时，妈妈可以说：“稍等一下好吗？等妈妈把你的奶瓶洗干净、装上水，我们就可以出去了”，或者“等我把玩具全部放到玩具箱后再出去”。宝宝站在那里看妈妈的动作过程，也就体验到了“等一下”的含义，同时也锻炼了他的耐心。

对宝宝实施延迟满足要从易到难，一点点延长他们忍耐的时间。如几个月的小宝宝，可以让他们在爸爸妈妈的及时回应中，安静地等待半分钟或1分钟，然后再满足他的需求，以后逐渐加长。不能一开始就让宝宝等的时间过长，等到宝宝火冒三丈时再予以满足，这时对宝宝来说，需求已经被火气所替代，他可能会用大哭大叫、发脾气来向爸爸妈妈提出抗议。这就得不偿失了，非但没有锻炼出宝宝的耐心，反而令其脾气暴躁起来，长此以往，孩子真的变得等不得了。

培养宝宝的耐心，生活中的点滴琐事都可以成为爸爸妈妈实施延迟满足的好帮手。如当宝宝要玩具时，妈妈可以说：“宝宝，等一等，妈妈把手中的活儿干完，就去给你拿。”说话的同时，还要和宝宝进行眼神交流，如冲他笑笑，宝宝也会与妈妈“眉来眼去”，这样就拖延了时间，达到了锻炼他“等一等”的目的。当宝宝要吃东西时，也可以适当延迟一会儿给他，或对他说现在饭很烫，等凉了再吃。宝宝就会通情达理地耐下心来等一会儿，因为他不想自己的小舌头被烫。在要求宝宝等待期间，爸爸妈妈可以安排宝宝做些其他事情，可以递给宝宝一个玩具，让他先玩上一会儿。这样宝宝就不会觉得自己很饿了，必须马上有东西吃，因为他的精力分散了，减少了饥饿的感觉。

在培养宝宝耐心的过程中，爸爸妈妈的鼓励和表扬也是必不可少的。宝宝如果能按照爸爸妈妈的要求，安安静静等待1分钟，就一定要及时表扬他，如“宝宝真有耐心，能在妈妈说话的时候自己玩”。这会让宝宝受到鼓励，为了得到爸爸妈妈的称赞，他还会继续做出令爸爸妈妈满意的行为。

培养孩子的耐心是一个长期的过程，期间爸爸妈妈不仅要教会孩子在他等待的时间里该干点儿什么事，也要使他相信，耐心地等待一点点时间，最终将会得到他所期盼的东西。这样，宝宝就逐渐有了耐性，由等不得变成能等得了。

保护好1岁幼儿的信任——信任也是一种能力

不黏妈妈，是相信她会按时回家

妈妈在梳妆打扮，宝宝知道妈妈要出门了，并不哭闹，而是站在一旁看着妈妈。当妈妈背上背包时，宝宝已经扬起小脸，等待妈妈最后一吻。

妈妈蹲下身来，用手抚摸着宝宝，然后柔和地说："宝宝，妈妈要去上班了，在家好好玩，晚上妈妈回来陪宝宝。"然后在宝宝的小脸上亲了一下，站起身来，和宝宝再见。

宝宝对着妈妈摇着小手表示再见，等妈妈出门，他赶紧对奶奶张起两只小胳膊，于是奶奶抱起宝宝来到窗子前。宝宝看到妈妈走出楼道口，冲妈妈笑着，连连摆着小手，还冲妈妈的背影做了几个飞吻，直到看不见妈妈，才下到地上，开始玩玩具。

晚上，宝宝早早就等在客厅的门口，边玩玩具，边等着妈妈出现。当听到钥匙开门的声音，宝宝丢下玩具，走到门口，做出迎接妈妈的准备。妈妈身影一出现，他就高兴地尖叫着，扑到妈妈的怀里好一番亲热。

大多数1岁的孩子，在妈妈出门时都会难舍难分，可是有些宝宝却不同，他们能坦然面对与妈妈的短暂分离，热烈迎接妈妈的及时归来。宝宝之所以不黏着妈妈，是因为他与妈妈之间建立起了充分的信任感，相信妈妈能按时出门，还会按时回来，所以他们并不感到慌张与失落。

信任是一种能力

帮助宝宝建立信任感，是爸爸妈妈在宝宝1岁前的主要任务。弗洛伊德指出：母亲尽心地照料孩子，孩子就能获取一种信任和乐观的态度，这种态度将会伴随他一生。反之，如果孩子的需求得不到满足或者这种满足经常被拖延，他会由于自身的无能为力而哭泣并发怒，长大后容易变成一个悲观且对别人缺乏信任的人。

相信别人是一种生活的自信，善于相信他人绝对是一种能力。宝宝在生命初期的种种体验会进入潜意识，对他的未来影响至深。这个时期宝宝对世界产生基本的信任，是健康迈向更高层次心理阶段的前提。这种信任感，将使他成长为一个拥有乐观、开朗、自信性格的人。在日常生活的细节中，爸爸妈妈要尽量多地让他们体验到他人是可以信赖的，世界是可以信赖的，未来是可以信任的。

1岁的幼儿有的只是对外界的基本信任感和不信任感。如果他们的需求能够迅速而周到地得到回应和满足，他就会感到，这个世界是一个温暖和充满关爱的地方。这种基本的信任感将形成孩子性格的核心。若宝宝在幼儿时期缺乏爸爸妈妈无微不至的呵护和温暖的爱抚，他们就会缺乏自信心和安全感，很难对他人产生信任，日后可能形成冷漠、自卑、抑郁等不良性格。他们缺乏爱和信任的能力，因此很难与他人建立健康的人际关系。

帮宝宝建立起信任感

宝宝通过自己的需求与社会发生联系，他用哭声、表情、姿态及语言来表达自己的需求。宝宝的需求，既包括吃、喝、拉、撒、睡等生理方面的需求，也包括社会方面的关注、抚抱的心理需求。所以，对于1岁以内的宝宝，他们需要爸爸妈妈格外的照顾与养育，爸爸妈妈应该积极地与孩子建立健康的亲子关系，让宝宝对家人及环境产生美好的信任感。只有当他在生活上得到悉心照料，在精神上得到爱抚和热情的关怀时，宝宝才会建立起对这个世界的信任和安全感，从而为他个性的健康发展打下良好的基础。

建立宝宝的信任感，可以从日常的小事做起。当宝宝有需求时，一定要给予及时的回应和满足，并且经常和宝宝一起做游戏，跟他说话，给他唱歌，用眼神与他交流，告诉宝宝“妈妈爱你”。爸爸妈妈在搂抱孩子的时候，要让他有强烈的安全感，使他对周围陌生的世界产生信任，从而渐渐地在内心里建立起对他人的信任。

爸爸妈妈的良好情绪也是让宝宝建立信任的一种极佳的方式。通过爸爸妈妈的情绪，宝宝能“看到”和感受到自己是否安全，能感觉到自己是否被眼前这个自己“最在乎”的人所接受。如果爸爸妈妈的情绪总是处在消极状态，照顾起孩子来也是马马虎虎的，宝宝感到自己过着饱一顿饥一顿的日子，就会对不负责任的爸爸妈妈失去信任，总怕自己没有人来照管，心理会产生极度的不安。

1岁的小宝宝也愿意受到夸奖和赞美，当他们做了一件有意义的事情，如帮妈妈拿纸巾、拿拖鞋，妈妈就要及时夸宝宝“真能干”，不要忘记亲亲他、抱抱他，使宝宝获得成功的喜悦。爸爸妈妈经常夸奖、赞美宝宝，家庭就会产生一种愉悦的气氛，有助于爸爸妈妈与宝宝之间建立积极的亲子关系，使彼此更亲近，并使宝宝产生对爸爸妈妈的信任感。

爸爸妈妈一定要亲自带孩子，1岁的宝宝更是如此，因为这时正是他们建立信任感的一个关键时期。如果孩子在婴儿期频繁更换看护人，可能很难再和爸爸妈妈建立起高质量的亲子关系。而这种高质量的亲子关系，是宝宝建立信任感必不可少的一个因素。在这个时期，爸爸妈妈与宝宝之间若建立起安全的依恋关系，爸爸妈妈和孩子就会有很好的信任关系，长大后他们往往会表现得坚强、自信，具有领导力和同理心。

当然，培养宝宝的信任感，并不等于丝毫不能有不信任感，而是使他们的信任感超过不信任感。为了让宝宝有识别地体验信任感，必须有相当程度的不信任感体验，这样才能使他知道信任是对于特定的人和环境，而对陌生环境和人必须要有适度的不信任，而这种不信任是确保其安全不可或缺的因素。如当宝宝能爬会走后，活动范围越来越广，他有了一定的自主能力，却不知道环境的深浅，很容易出危险。爸爸妈妈这时可以先教宝宝学习哪些事情可以做，然后再过渡到让他明白哪些事情不能做，这样一来，他就知道自己的行为要受到环境的约束和限制，最终使他适应环境的限制。

可以说，爱是一个人自信心和独立性的发源地，在满满的爱意和亲情中长大的孩子，潜意识中会充满对爸爸妈妈及对周围人与事物的信任，有了这种信任的能力，他们才会充满信心地去探索世界。因为他们知道有人爱自己、相信自己，给自己力量，就会没有恐惧，没有担忧，更容易去独自面对世界。

适当满足1岁幼儿的“口”欲——口唇性格的预防

口唇期，宝宝用口腔来认识世界

宝宝又把小拳头放到了嘴里，妈妈见了，赶忙把他的小拳头拿开。然而宝宝可不干了，他哭叫起来，非要品尝他的小拳头不可。妈妈只好拿玩具给他，止住了哭声的宝宝很快把塑料玩具送到嘴里啃咬起来。

妈妈可没辙了，拿开他的小手，他大声地哭叫，给他玩具占住手了，可是又吃起了玩具。无论是手还是玩具都是不卫生的啊，真担心他“吃”出病来。

每一个宝宝都有过这样的经历，这不足为怪，因为从出生到1岁这段时间是婴儿的口唇期，他们是在用口腔来认识这个陌生的世界，于是，只要是能抓到手的任何东西都想往嘴里放，实在没有东西，就有滋有味地品尝起自己的小手。此时的他，当然还不知道这只小手是自己身体的一部分，还以为它也是个好玩的玩具呢！

宝宝爱吃手，是因为这时小小的他的感官系统还不发达，不能凭借视觉、听觉和肢体的触觉来认识事物，而嘴唇是幼儿最灵敏的触觉器官，所以，他就利用口唇来进行尝试、认知周围的世界和事物。

口唇期是幼儿人格塑造的第一个关键时期，也是最基本的时期。这个阶段的幼儿的主要活动为口腔活动，他们的快感多来源于吸吮、咀嚼及吞咽等口唇的活动和接触。当幼儿离开妈妈温暖的子宫，经历了降生到一个未知世界的恐惧之后，他们急切地想通过吸吮乳头来和妈妈重新建立一条新的“脐带”。所以，即使有时他并不是真的很饿，也喜欢含着妈妈的乳头不放。同时，他们也渴望通过吸吮手指、脚趾，或者所有他们可以咬到、啃到的东西来探索这个世界。

如果在这一时期，幼儿的口腔刺激满足不恰当、受挫或过度满足，就会导致心理年龄的固着及口唇期人格的形成。而人格发展停滞在这一阶段，就会形成口唇性格。口欲需求受挫，往往表现为具有不安全感，影响今后的人格成长，容易出现多疑、自卑、自恋的性格缺陷。口欲需求过度满足，则会形成纠缠人或过度依赖、嫉妒、强求别人、缺乏耐心等性格特征。具有口唇性格的人，即使过了儿童期却仍然喜欢吃手指，到了成年则喜欢吸烟、喝酒，特别喜欢吃零食、爱唠叨。

适当满足“口”欲，帮宝宝安然度过口唇期

口唇期是宝宝性格形成的关键时期，爸爸妈妈应该高度重视起来，适当满足宝宝的口腔欲望，帮助宝宝顺利地度过这个重要时期，为宝宝形成乐观、慷慨、开放、活跃的健康人格特质打下良好基础。

母乳喂养利于宝宝安然度过口唇期。宝宝在吃母乳时，除了满足食欲外，还从吸吮中满足了口唇的欲望，同时与妈妈建立了信任的亲子关系。有的爸爸妈妈因为工作忙或母乳量少，故采取人工喂养的方法，使宝宝体验不到在妈妈怀里的温暖，加之吃奶瓶吃得快，一会儿就饱了，宝宝的心理需求却没有得到满足，久而久之，还是要找其他途径来满足的。

处在口唇期的宝宝喜欢吸吮手指、脚趾或者其他无害的东西，爸爸妈妈见了如临大敌，总是很及时地制止，觉得这是为宝宝的卫生负责。其实，爸爸妈妈不必过于担心，他们吃自己的小手或小脚丫是无碍健康的，

没听说过宝宝啃手啃脚中毒的。只要宝宝不啃咬危险物品或者无意识地咬人，就应该充分满足他的“口”欲。爸爸妈妈需要做的是，经常为宝宝把小手清洗干净，或者干脆给他一个安慰乳头，或清洁无害的啃咬玩具，这样既满足了宝宝的吸吮需求，也不会使他形成吃手的习惯了。

造成口唇性格的原因与爸爸妈妈的养育方式有关，有的妈妈当宝宝一哭，就赶紧把宝宝抱起来，第一个动作就是把乳头塞到宝宝的嘴里，尽管宝宝还没有表达出“想吃”的欲望就给予喂养，这种过度满足使乳头成了宝宝的安慰器，给宝宝养成了嘴里有东西吃的心理满足习惯。而有的妈妈在宝宝需要吃奶时，却不及时满足，在宝宝表达需要后很久才给他喂奶，这容易造成宝宝的口腔欲望受挫，宝宝没有得到及时的满足，同样不利于宝宝的成长。因此，爸爸妈妈应及时呼应和读懂宝宝的需求，并以科学的方式喂养宝宝，才能使宝宝的身心得以健康发展。

在喂宝宝吃奶时，爸爸妈妈还一定要多抚摸，多亲亲宝宝，这些肌肤相亲可以使宝宝的心理得到极大的满足感。在满足宝宝口唇欲望的同时，也让宝宝的肌肤不再感到“饥饿”。

尽管宝宝在口唇期需要得到口腔的满足，但是也要注意不能让宝宝整天吃自己的小手，过度地满足容易使宝宝养成吃手的习惯。爸爸妈妈要让宝宝知道，“吃”一会儿就可以了，他还有许多可以玩的，如给他玩具把玩，抱他去外面见识世界，和他一起玩互动游戏，都可以满足宝宝玩的欲望，使心理得到极大的满足。等宝宝过了口唇期，他就会被新的东西所吸引，很少吃自己的小手玩了。

总之，爸爸妈妈在宝宝的口唇期阶段，应充分适当地满足孩子的需求，不宜过分满足和过分剥夺。同时，在满足程度和方式上还要尽可能保持一致性、一贯性，不要随意地转变，即使变化也要循序渐进、有规律性地进行，以使宝宝能很快适应。

CHAPTER 05

自然轻松的教与学——1岁应该进行的智力培养

1岁幼儿的智力培养不必刻意，但爸爸妈妈如能以幼儿思维的方式引导，比如在孩子高兴的时候，有意识地给孩子读儿歌或儿童喜爱的诗歌，利用有趣的声音、图画资料等，这些知识都将存在于幼儿的大脑，并刺激幼儿的思维发展，让幼儿变得更聪明。这就是所谓的早教，不过这样的早教并不需要刻意为之，“顺”幼儿思维之发展“辅助”之，效果最好。

适合1岁宝宝的诗歌学习

“湿”宝宝的学诗生活

对于一个躺在襁褓中的1岁宝宝来说，他连吃奶、尿便这样最基本的生理要求，还得依赖疼爱他们的爸爸妈妈和亲人们的帮助，就这样一个裹着尿布或穿着“尿不湿”的“湿”宝宝，也能听懂和学习诗歌吗?

宝宝的哭闹令妈妈很无奈，给他吃奶，小家伙把头一偏，根本不予理睬；哄他睡觉，他的眼睛瞪得大大的。在情急无奈之下，妈妈对着只有3个月的宝宝背起了唐诗：“白日依山尽，黄河入海流……”没想到这一招居然发挥了作用，小家伙竟然不哭了，看着妈妈的嘴津津有味地听起了唐诗。妈妈背了两首，宝宝都静静地听，妈妈一停下来，宝宝又不干了，“哇”地一声哭开了，妈妈赶紧背出“两只黄鹂鸣翠柳……”宝宝又不哭了。

妈妈的无奈之举竟然成为安抚宝宝的好办法，没有想到，一个只有几个月的小宝宝还很爱听唐诗。从那以后，妈妈天天不间断地背唐诗给宝宝听。宝宝不但爱听唐诗，什么儿歌、童谣、三字经，只要是有韵律的他都爱听，听诗歌成了宝宝生活的一部分。到了1岁左右的时候，在妈妈的反复熏陶下，他开始能接上最后几个字了。

诗歌的韵律和节奏让宝宝愉悦

宝宝当然听不懂儿歌或诗歌的内容，但是他们喜欢听富有韵律感的儿歌和古诗，可以说是韵律使他们产生了兴趣。有韵律的声音是宝宝最早听到的声音，在他听力形成之初听到的妈妈的心跳声，其节奏与押韵文字的节奏十分类似。所以，当听到诗歌的韵律和节奏时，他会感到熟悉和安心。

当然，诗歌的押韵文字对幼儿之所以如此重要，主要是因为韵文结合了各种声音、音节和韵脚，并且将这些混合之后形成一种节奏。而宝宝天生对节奏就很敏感，如爸爸妈妈说话的时候宝宝会跟着做动作，宝宝对悦耳的音调或语调也同样敏感，有节奏的韵律会让宝宝感到愉悦，他们觉得押韵的文字念起来很有趣味，这是潜意识在起作用。这就相当于成人潜意识中喜欢看花格子图案或是喜欢听音乐的和声一样，因为它能给人一种秩序感。

可不要小瞧了宝宝的“学诗生涯”，虽然此时的宝宝既不能理解诗歌的词意，也听不懂诗歌的内容，但是他可以通过听，深深地把这些内容印在自己的脑海中。给宝宝读诗歌不是“对牛弹琴”，说不定哪天，会说话的宝宝突然会冒出一句诗歌来，这可是他们的记忆在发挥作用。给宝宝读诗歌，无形中开发了他的语言能力。

诗歌语句精练，结构简单，韵律优美，节奏分明，且读起来朗朗上口，这也是诗歌深为宝宝所喜爱的重要原因。诗歌的韵律，无形中构建了中文的语言基础，爸爸妈妈常给宝宝听诗歌，可以丰富宝宝的词汇，利于宝宝学习语言，促进和开发宝宝的语言潜能。

和宝宝一起“玩”诗歌

对于1岁的宝宝，与其说是在教他学习诗歌，不如说让他听诗歌更贴切些。因为，1岁以前的宝宝还基本不会说话，而当他们长到1岁左右时，也只能说出简单的字词。既然宝宝对诗歌如此钟爱，爸爸妈妈不妨多为宝宝读诗、背诗，在宝宝心情愉悦的同时，更使他的记忆力和语言潜能得到良好的促进和发展。

1岁的宝宝不能像小学生那样安静地坐在那里学诗歌，他们只能做听众和观众。在诗歌的选择上应多选有情趣、音乐性强、朗朗上口且篇幅短小的儿歌、唐诗及三字经。爸爸妈妈没必要固定某一时间为宝宝的“学习时间”，只要和宝宝在一起，就可以随时随地念给宝宝听。为了能让宝宝听得更清楚，爸爸妈妈最好面对着宝宝，速度稍慢，发音准确，口形夸大一些，给宝宝以准确的声音刺激。

当宝宝听到爸爸妈妈给他念诗歌时，会特别高兴。如果爸爸妈妈再配上点儿亲切而丰富的表情和变换的动作，对宝宝就更有吸引力了。这可以加深宝宝对诗歌的印象和激发他的学习兴趣，使他更积极、更主动地参与，有助于宝宝记忆潜能的发挥。如果宝宝感觉枯燥，注意力就无法集中了。

为了引起宝宝的浓厚兴趣，游戏的方式是比较受宝宝欢迎的。他们的天性就是玩耍，如玩“小鸭子，呱呱叫”，妈妈可以让宝宝扮演小鸭子，做摇摇晃晃的动作，嘴里发出“呱呱”的声音，他就乐于参与了，也更能听得进去。

培养宝宝听诗的兴趣要选择时机，宝宝玩得正起劲的时候，让孩子停下游戏来听诗，显然他会加以拒绝。在宝宝很累或兴致不高的时候，最好也不要让宝宝强打精神来听妈妈读诗，这样，他心里会很反感，甚至拒绝听。另外，给宝宝听诗歌的时间也不要太长，10来分钟就可以了，因为宝宝的注意力集中的时间很短。

和宝宝一起学诗歌应循序渐进地进行，刚刚出生的小宝宝只能听爸爸妈妈朗读或背诵，随着月龄的增长，宝宝就能和爸爸妈妈互动了，可以让他跟着爸爸妈妈背诵的节奏做动作。到1岁左右，就可以让他随爸爸妈妈说出最后押韵的字，以后再逐渐说出完整的诗歌。爸爸妈妈在给宝宝念诗歌时，要注意重点表现最后一个字的发音，这会加深宝宝的印象，也容易使宝宝明白，爸爸妈妈是要他学念最后一个字的发音，以提高宝宝学习的积极性。

1岁宝宝的诗歌学习应是快乐的、富有趣味的，爸爸妈妈不要过分在意宝宝是不是在用心听，是不是听得懂，这对1岁宝宝来说都不重要。即便爸爸妈妈在诵读诗歌时，宝宝在一旁热心地玩耍，也能让宝宝对诗歌产生兴趣，只要不厌其烦地给他念儿歌，只要能坚持下去，奇迹就一定会在宝宝身上出现。

红绿黄——和1岁宝宝一起认颜色

色彩，宝宝智商的营养

宝宝最喜欢那只红色的大鲤鱼状的气球了，每次妈妈把他抱起来，他都喜欢用小脸去碰碰，伸出小手去抓抓，随后脸上现出欣喜的笑容。

宝宝几乎被彩色包围了，他的小床是橘色的，床单是米黄色的，小被子是大红的，枕头是蓝白相间的。床的四周都挂着色彩鲜艳的挂件，中国结、气球、充气玩具，还有一碰就响的风铃。整个房间的大环境也很有色彩，壁纸的基调是粉色的，给人一种温馨的感觉。

宝宝的居所被布置得如此色彩斑斓，这都是爸爸妈妈为宝宝精心设置的。可以说，宝宝一降临，迎接他的就是一个五彩缤纷的世界，刚开始宝宝似乎对这一切表现出一副“熟视无睹”的样子。并非宝宝不好“色”，而是因为刚出生的小宝宝眼中的世界只有黑白两色，随着视觉系统的发育成熟，到3～4个月时，宝宝就有了对色彩的感受力。这时，他会通过认识色彩、感知色彩，来享受这个多彩且美丽的世界了。

漂亮的颜色会使宝宝的身体感到舒适，情绪得到均衡，行为也会变得灵活、协调。这是因为不同的颜色会对人的心理产生不同的效应，可以说颜色在一定程度上能左右人的情绪和行为。一般来说，红、黄、橙等暖色具有振奋精神的作用，它能使人思维活跃、反应敏捷、活力四射。而绿、蓝、青等冷色则有稳定情绪、平心静气的特殊效果。对于一个生活在五彩缤纷环境中的宝宝来说，他的观察、思维、记忆等能力都明显高于那些在普通色彩环境中长大的孩子。如果幼儿经常生活在黑色、灰色和暗淡的令人不快的色彩环境中，则会影响大脑神经细胞的发育，这样的孩子就会比较呆板，并且反应迟钝，智力低下。

色彩是宝宝智商的营养，年轻的爸爸妈妈要抓住宝宝人生的这个最早时期，带宝宝认识颜色，培养他对色彩的敏锐感觉。宝宝从小接触绚丽多彩的颜色，能对他产生良好的刺激，这对促进宝宝大脑发育及智力发展都大有裨益。

让宝宝感知和认识颜色

教宝宝学会区别认识颜色，是宝宝认识事物、发展智力、培养美感不可缺少的内容。虽然宝宝很小就有了对色彩的感受力，但他对颜色的认识是一个逐步变化的过程，不是一下子就能完成的。爸爸妈妈只要遵循宝宝认识颜色的规律，多给宝宝色彩刺激，经过不断训练，就能培养出宝宝认识颜色的本领。

刚出生的小宝宝由于视觉还不敏锐，对彩色概念比较模糊，反而对黑白很敏感。这时不妨给宝宝看一些黑白几何图案、人物头像、棋盘图形等，以吸引宝宝追视。宝宝床头的床饰和悬挂物也应以红、黄、蓝三原色为主，使宝宝一睁开眼，就能看到一个彩色的世界。但这个阶段给宝宝提供的色彩不要过杂过多，以免扰乱他还不成熟的视觉系统。

3～4个月后，宝宝的视觉神经对彩色的东西变得敏感起来，他开始进入了彩色世界。这时爸爸妈妈就要着重对宝宝进行色彩感知度和认识度的培养了。从现在开始，把宝宝的生活空间布置成多彩的世界，使孩子拥有一个欢快、明朗的色彩环境。如在宝宝的小居室里贴上一些色彩协调的画片，经常给他的小床换上一些颜色清爽的床单和被套，小床的墙边可以画上一条七色彩虹，或摆放些色彩鲜艳的彩球、塑料玩具等，充分利用色彩对他进行视觉刺激，这对宝宝早期认识颜色有很大的帮助。

现代丰富的生活，处处都能使宝宝感受到色彩万千的世界，能给宝宝一个欣赏不尽的色彩环境。爸爸妈妈不仅要穿着色彩鲜艳的衣服，让宝宝时刻欣赏美丽的色彩，在给宝宝挑选衣服时，也要挑选那些色彩明亮、不同色系的衣服。并且在给宝宝穿衣服时，要告诉宝宝衣服的颜色，使宝宝在生活中有意识地认识色彩。妈妈可以边穿边说：“今天，宝宝穿的是一件蓝色的衣服，就像蓝蓝的天空一样。”然后可以指指窗外的蓝天，让宝宝进行一下对比。

此外，爸爸妈妈还要多带宝宝出去“见见世面”，看看蓝色的天空、绿色的树叶、五颜六色的花朵，还有穿着各种“花衣裳”的小鸟、翩翩的彩蝶、忙碌的蜜蜂，这些都是宝宝立体地认识颜色的好途径。

当宝宝开始咿呀学语时，爸爸妈妈可以和宝宝一起做指认颜色的游戏。如将不同颜色的积木摆在宝宝面前，让宝宝根据爸爸妈妈的口令用小手去指。也可以指着几种颜色的气球问宝宝“哪只是红气球，哪只是蓝气球”，让宝宝用手去指，指对了就亲亲宝宝，并加深印象地说：“宝宝真乖，这是红气球。”如果宝宝指错了，就鼓励他说：“再仔细看看，哪只是红气球?”给宝宝观察、判断的时间，等他指出正确结果。

帮宝宝认知色彩的游戏有很多，爸爸妈妈在生活中随时都可以进行。如让宝宝认识红色时，就搜集家中一些红色物品，并一一指给宝宝看，告诉宝宝这是红帽子，那是红毛衣、红袜子、红毛巾，反复告诉宝宝“这个是红色”，宝宝就很容易记住了。然后再如法炮制地教宝宝认识其他颜色。宝宝的认知有一个适应过程，要慢慢来，不要急于变换太多的颜色，也不要一下子让他辨认过多的颜色，待宝宝熟悉一种颜色后，再教他认识另外的颜色，而且最好色差大些，颜色较相近的色彩容易使宝宝弄混。一般来说，教1岁宝宝认识颜色时，主要是认识红、黄、蓝、绿四种基本颜色。

刚开始教宝宝认识颜色时，爸爸妈妈也可以采用“是非强调法”。如看见几个彩色气球，告诉宝宝：“这个是红色，那个不是红色。”通过这种“是”或“不是”对比的方式，向宝宝强调一个知识点——红色。等宝宝认识了红色，能一眼分辨出“红色”时，再用这种方法来教宝宝认识另一种颜色。这样可以帮助宝宝加深记忆，巩固知识，达到事半功倍的效果。这远比不停地告诉宝宝：“这个是红色，这个是绿色，那个是蓝色”要好得多，因为填鸭式的灌输，很难使宝宝一下子接受，不但容易使他混淆概念，还会造成宝宝对概念的模棱两可。

和1岁宝宝一起认知颜色，爸爸妈妈不要急功近利，要把宝宝的学习过程变成一个快乐的过程，不要太在乎结果，不要抱怨教了很多遍宝宝还是不会区分。只要爸爸妈妈耐心引导，多给宝宝学习的机会，宝宝自然而然就能认识颜色了。

洋娃娃会唱歌——1岁幼儿的无意识音乐熏陶

宝宝因音乐而快乐

宝宝1岁了，在他所有的玩具中，那只会唱歌的洋娃娃是他的最爱，他时刻不离，就是外出游玩，也要拿在手中。

这是一只一按肚子就能唱歌的洋娃娃，在宝宝五六个月时就开始陪伴在他身边了。这只可爱的小洋娃娃能唱好几首歌曲呢，《生日歌》《拍手歌》……只要那富有磁性的童音一开唱，宝宝就咧开小嘴开心地笑，高兴时还会跟着手舞足蹈，仿佛这只洋娃娃就是他的小玩伴、小妹妹一样。

可以说，几乎每个宝宝都是热爱音乐的，这是人的天性。大多数宝宝喜欢用肢体动作来表达他们所感受到的音乐情绪，听到音乐，会跟着音乐摇摆身体或手舞足蹈。4～6个月的小宝宝，在他听到欢快的音乐时，就能做出较大的动作，用脚把床蹬得“咚咚”响。所以，多给宝宝听音乐，就能自然而然地培养出他的节奏感。

音乐是一种美妙的语言，随着音乐摇摆或者安静聆听乐声，不仅能培养宝宝的音乐素养，给宝宝大量的听觉、感觉刺激，让宝宝体验快乐的情绪，还可激发幼儿的潜能，有助于其智能的开发。从小接触音乐的宝宝，其理解力、数学能力及学习语言的能力会更强。音乐不仅能调节宝宝的大脑功能，提高其思维能力和想象能力，并且可以陶冶其情操，给其鼓舞和力量。在音乐中长大的孩子，往往情感丰富，性格稳定，格外具有感受力，他们在长大后，品行上也很少有劣迹，音乐让他们变得更善良，道德上更纯洁。

多给宝宝音乐熏陶

没有什么比音乐更能令人心情舒畅，长期受音乐熏陶的宝宝，从内到外都是快乐的。小宝宝虽然还不能理解音乐的内涵，却能用自己的听觉去感受音乐高低快慢的节奏和柔美的旋律，在感受的同时还发展了他的听力。因此，当宝宝醒着的时候，爸爸妈妈要给他播放柔和舒缓的音乐，让他沐浴在美妙的乐曲声中，在这样自然的音乐熏陶中，宝宝会感到轻松愉悦，并逐渐爱上音乐。

1岁宝宝听音乐当然还要依赖于爸爸妈妈的选择，因为他们还太小，完全处于被动地位，所以在给宝宝听音乐时，爸爸妈妈不能光凭自己的兴趣和爱好来选择，还应该照顾到宝宝的小心思。成人化的歌词和激烈的节奏都不适合宝宝，尤其一些年轻的爸爸妈妈喜欢的爵士乐和流行的摇滚乐。1岁的宝宝对物质世界还缺乏感性的认识，此时最好让他们多听一些旋律优美的抒情音乐，或是节奏轻松、欢快，使人兴奋的乐曲，让多姿多彩的音乐渗透到宝宝的潜意识中。

对宝宝的音乐熏陶，随时都可以进行。除了睡觉时间，宝宝的日常生活起居，都可以与轻松欢愉的音乐为伴。适时地给宝宝提供音乐信息的刺激，可以强化他们对各种音乐情绪和音乐旋律的感受和记忆。如宝宝醒来时，可以选用较为轻快、活泼的音乐，播放时音量从小慢慢放大，待宝宝醒来后，音乐可持续一段时间再停止播放；给宝宝哺乳时，让优美抒情、节奏平缓的乐曲响起，这样，宝宝的进食就成了一件愉悦又放松的事情；

在和宝宝一起做游戏的过程中，播放一些轻快活泼、节奏跳跃的乐曲，宝宝会很自然地把音乐中所表达的情绪与自己当时的心境联系在一起；引导宝宝安静入睡时，不妨给他听安静柔和、节奏舒缓的《摇篮曲》，并且要将音量逐渐放小，待宝宝入睡后，再让音乐徐徐消失。当然，也可以由妈妈轻轻哼唱甜美的摇篮曲伴宝宝入睡。这对宝宝来说，无异于天籁之音，妈妈的轻拍还可以让宝宝感受到音乐的节奏。

爸爸妈妈需要注意的是，在给宝宝听音乐时，音量不可太大，即使是那些节奏舒缓的音乐，音量也要适中，避免宝宝听觉疲劳乃至损伤。父母应一边给宝宝听音乐，一边还要仔细观察他的反应，如果宝宝没有兴趣，或是出现烦躁情绪，就不要强迫宝宝听了。因为这个时候，再优美的旋律，对他们来说也是听不得的噪音。

父母不仅可让宝宝听音乐，也可以用和宝宝一起“玩音乐”的方式，来对宝宝进行音乐熏陶，把音乐融于生活、融于游戏，加上动作和情境，使学音乐变成轻松、有趣的过程。如宝宝用小勺敲桌子、杯子和碗，并不断重复着，乐此不疲。在爸爸妈妈听来这些是绝对的噪音，可是，投入的宝宝却是在倾听不同的声音和节奏，这就是他的音乐。爸爸妈妈不妨拿几个杯子装上深浅不一的水，和宝宝一起来演奏。和宝宝玩音乐，爸爸妈妈的心情也是快乐的，一家人其乐融融地听音乐、玩音乐，共享天伦之乐。

从小对宝宝进行无意识的音乐熏陶，不是要强迫宝宝学习音乐，把他培养成音乐家，而是让宝宝从音乐中感受到快乐、体验愉悦情绪，获得音乐的美感和乐感，从而喜欢上音乐，并从音乐中受益一生。

英语动画光盘——1岁幼儿英语环境塑造

动画光盘，点燃宝宝学英语的热情

宝宝在3个月的时候，妈妈就抱着他坐在电视机前看动画英语光盘，妈妈从一本早教书上看到，给宝宝看英语动画光盘可以点燃宝宝学英语的热情；还了解到宝宝早一天接触英语，有利于他掌握准确发音。

到了宝宝六七个月时，就能自己待在房间里津津有味地看英语动画光盘了，他是对英语感兴趣，还是对动画感兴趣？妈妈不得而知，反正他爱看就成。

令妈妈感到欣慰的是，她的努力没有白费，在宝宝1岁左右的时候，突然有一天对着电视画面，指着跳出来的小狗激动地喊着“大个，大个”。妈妈一开始没有明白宝宝在嘟囔什么，等再次出现小狗跳出的画面时，他又激动不已地喊着“大个，大个”，还拉着妈妈的手让妈妈看，妈妈这时才明白，原来他说的是英语“dog”。

为了弄明白宝宝是不是会说英语，妈妈把画面回放到小狗跳出来的那部分，结果宝宝嘴里还是“大个，大个”的不停。妈妈抱起宝宝亲个不停，夸宝宝真棒。

妈妈心里想，宝宝对着动画片里的小狗喊“大个，大个”，说明他不仅会发音，还能准确地与小狗对应上。那他在生活中能否对着小狗说英语呢？为了验证一下，她带宝宝到小区的广场上，指着跑来跑去的小狗问宝宝，结果小家伙随口说出“大个”，还手指着远去的小狗让妈妈看，看样子如果自己会跑，他还会追上去。

小宝宝可真是不同凡响，他们天生就具有分辨不同语音的本领。新生儿最喜欢听的是人讲话的声音，也就是说他能分辨出哪些是语音。给他听母语，然后再听外语，这时候他会表现出新奇的反应，如吸吮停止或吸吮的频率有变化，这就表明他能区分母语和外语。即使宝宝一直生活在一个单一的语言环境中，那么到6个月以后，他仍然能够很好地区分母语和外语之间的差异，但是他区分母语和外语之间差异的能力会慢慢退化，到10个月以后，他的这种能力就和成人差不多了。

在双语时代，宝宝越早接触外语越利于他今后准确地掌握外语。一般来说，语音的刺激，越早越好，因为这有助于帮助他维持天生的分辨语音的能力。为此，从宝宝出生开始，爸爸妈妈可尽量让宝宝接触一门外语，培养孩子对语言的兴趣和敏感度，为他今后学习外语做好铺垫工作。

多听多看，为宝宝营造一个愉快有趣的英语环境

对于1岁以内的宝宝，不要要求他们学习英语，主要应该熏陶、培养他们的兴趣，为宝宝营造一个轻松、愉快的英语环境，让他们在良好的英语环境中主动、自发地探索并接受。

1岁以内的宝宝，语言学习多偏向于“声音”的刺激，因此，宝宝的小耳朵就变成了接受新信息的雷达，“听”成为宝宝快速学习语言的开端。所以，在宝宝几个月时，爸爸妈妈在宝宝醒着的时候，可以给他播放英语歌曲，如《雪绒花》《生日歌》，或一些儿童英文歌曲。如果爸爸妈妈能在宝宝面前用英语交流就更好了，宝宝在听的过程中，能很好地感受外

语，掌握外语的基础发音。

动画片是孩子最喜欢的娱乐形式，坚持给宝宝看英语动画片，可以吸引宝宝的注意力，宝宝在有滋有味地看的过程中，自然对语音也接受了。动画片的优点在于它的情境对应，可以构成孩子的口语基础。

在引导宝宝看动画光盘时，爸爸妈妈最好陪同宝宝一起看，使宝宝感受到一家人在一起的温馨。这样宝宝才能专注地看下去，也能更用心地听进去。一般说来，宝宝的注意力比较有限，每次看上10分钟就应该停下来，让宝宝玩一会儿，然后再进行重播。宝宝是不会感到厌烦的，他们喜欢反复地看同一部片段。

游戏是宝宝的最爱，在看光盘时，爸爸妈妈也可以同宝宝一起互动，如画面出现耳朵时，可以按暂停，让宝宝看清楚后，妈妈指着自己的耳朵对宝宝说，这是妈妈的“ear”，然后指着爸爸的耳朵说，那是爸爸的“ear”，最后轻轻地摸摸宝宝的耳朵说，这是宝宝的“ear”。还可以在英语中加入一些手势，比如说画面里出现“bye-bye”的时候，妈妈朝宝宝摆摆手，这样宝宝就知道“bye-bye”就是“再见”的意思了。

总之，多听多看英语光盘，可以使宝宝把看到和听到的信号转化成情境和事物，通过不断的积累，宝宝的语言思维和语感就牢固地建立起来了。

1岁宝宝爱听的故事

最爱听爸爸妈妈讲故事

当早晨第一缕阳光从窗子照射进来的时候，睁开眼睛的宝宝并不急于起床，他在等待妈妈给他讲小蚂蚁的故事。不要以为1岁的宝宝听不懂故事，他听起故事来可着迷了，如果中途妈妈停顿一会儿，他还会抗拒地用小手推妈妈，意思是妈妈快点儿讲嘛！

宝宝在听故事时，也是很投入的，当妈妈讲到大灰狼要吃小羊时，宝宝张着小嘴，神情紧张，当听到轻松的故事情节时，宝宝的表情也随之轻松起来。

在一天当中，宝宝除了玩耍比较专注外，听爸爸妈妈讲故事时也肯定会安静下来。听故事已经成为宝宝生活中不可缺少的一部分。

故事如同宝宝的精神食粮，虽然有的宝宝在听故事时似乎心不在焉，其实故事都被收进了他们的小耳朵里。爸爸妈妈常给宝宝讲故事，不仅能增进亲子交流，还可以促进幼儿的大脑发育。宝宝在听故事的时候，大脑内侧边缘系统相当活跃，这个边缘系统主要掌管人类的喜怒哀乐，宝宝听故事的同时，他们的喜怒哀乐等情绪也跟着生成发展，同时在爸爸妈妈的陪伴下，对幼儿的情绪控管及脑部智商发育也有相当显著的影响。

在听故事的过程中还能发展幼儿的想象力和创造力，多接触言语沟通，有助于提高其口语表达能力，促进语言的发展，为将来开口说话做充分的准备。如果爸爸妈妈再能够配上合适的音乐讲述故事，那就更妙了，不仅可以培养宝宝听读的习惯以及对文学作品的兴趣，萌发宝宝初步感受和表现美的情趣，还有助于挖掘他们学习的潜力，增强宝宝的自信心，培养其活泼开朗的性格。

在宝宝很小的时候，就可以从听故事中感受到充分的乐趣，他们会陶醉于爸爸妈妈讲故事的声音，以及倚靠在爸爸妈妈怀里或躺在爸爸妈妈身边那种暖暖的感觉。

1岁宝宝爱听的故事

由于1岁的小宝宝认知和理解能力还非常有限，且能够集中注意力的时间也很短，所以爸爸妈妈在给宝宝讲故事时，要给他讲一些情节比较简短的小故事，这样宝宝才能够理解并坚持听完。如果故事过于复杂，而且宝宝不理解的东西太多，那故事对他来说便成了无意义的音节。

另外，给宝宝讲故事，也要根据不同年龄孩子的兴趣来选择，孩子有兴趣，才能喜欢听。这个阶段的宝宝会对小动物很感兴趣，爸爸妈妈不妨多给他讲一些有关小动物的故事。宝宝还喜欢把一些物品拟人化，在1岁宝宝的眼里，所有的物品都是有生命的，他可以和小板凳、大苹果进行交流，也正是透过这样的一种方式，宝宝才能认识世界。对他们来说，大树就是老爷爷，太阳就是太阳公公，小草能成为小妹妹，布娃娃就是玩伴。爸爸妈妈要根据宝宝的这一特点，多给他讲一些拟人化的故事。主角可以是小猪和鲜花是好朋友，也可以把宝宝放到故事当中，让他与小白兔做朋友，这时宝宝就会对有他自己参与的故事很感兴趣，更愿意听爸爸妈妈天马行空的“胡诌八扯”了。

童话当然是给孩子们听的，但是对于1岁的宝宝来说，比例为10%比较适宜。要给宝宝多讲生活中的、自然里的、真实事物的故事，因为这样的故事讲给宝宝听，有利于宝宝认识他所生活的社会。如果过多地听童话故事，会使宝宝对现实生活的认识产生偏差，他会停留在一个想象的童话世界里，难以融入正常的社会环境，不利于宝宝认知现实世界和进行正常的社会交往。

给宝宝讲故事也要有技巧

给宝宝讲故事看似容易，其实也是有一定技巧的。语音、语气、语调，要有快有慢，有高有低，通过这样的一种语音的变化，帮助宝宝获得人与人之间情感传递的一种方式，使宝宝感到听故事很有趣，他们才更乐意安静下来仔细聆听。

爸爸妈妈给宝宝讲故事的时候，眼睛要看着宝宝，面部表情尽可能丰富夸张些，以更好地吸引宝宝的注意力。语速上不能过快，要让宝宝清晰地观察到爸爸妈妈的口形变化，使宝宝知道每一个字和词的口型变化，以利于宝宝语言的学习。宝宝的语言学习是从模仿开始的，爸爸妈妈口形的变化，宝宝会无意识地去模仿，尽管他不发出声音来，但是善于观察的宝宝会把口型的变化看在眼里。

每一个故事都要有角色，爸爸妈妈在语音和动作上要有不同角色的变化，这样才能吸引宝宝的耳朵和眼睛。当故事中出现老爷爷时，声音要苍老些，语速慢一点儿，嗓门还要粗一些；而小妹妹的声音，则要尖细、柔美些，使宝宝听出角色的不同来。透过角色的声音，去体会生活中各种各样角色的形象。大灰狼的声音要凶狠，小白兔的声音要娇柔，小鸭子的声音要沙哑等。

这个年龄的宝宝非常喜欢叠音词，爸爸妈妈在讲故事的时候，可以多一点这样的叠词，比如说小白兔蹦蹦跳跳，小鸭子摇摇摆摆，这样的语句宝宝特别喜欢，也容易学习。一些生动形象的象声词，也深受这个年龄的宝宝的喜爱，如小猪呼噜噜睡着了，小草咕咚咕咚喝饱了水，宝宝听后，会产生愉悦快乐的心情。

当故事中出现对话时，要注意语音之间、语句之间、情节之间都要有停顿，给宝宝以想象的空间，发展他们的想象能力，并且使宝宝能够进入故事情节，觉得自己也是其中一员。同时，在给宝宝讲故事的过程中，爸爸妈妈不要只是自己眉飞色舞地讲，还要不失时机地提问一下。可沿着故事的情节线索，问宝宝一些有趣的问题来强化故事的效果，比如“小猫为什么又没有钓到鱼”“你猜农夫会再向金鱼要什么礼物”等，引导宝宝来感受和理解情节。尽管这时的宝宝还不会用语言来回应，但能使宝宝的观察力、想象力和推理能力得到很好的锻炼，同时也使他在听故事时特别专心。

宝宝听故事是不厌其烦的，尽管一个故事讲了一百遍，他也会津津有味地听爸爸妈妈讲第一百零一遍。所以，在给宝宝讲故事时，不要怕重复，这种不断地重复有利于宝宝记忆力的发展。有些故事当宝宝熟悉一些的时候，会非常喜欢听，因为他需要从这个故事当中学习人与人之间的情感交流，学习人物之间的关系和对话，宝宝在故事中可以获得许多方面的发展。因此，只要宝宝愿意，爸爸妈妈就可以讲给他听，在重复中帮助宝宝理解，在重复中提升宝宝的记忆能力。

在给宝宝讲故事时，也要选择好时间。通常来说，临睡前的那段“床上嬉戏时光”是最常规的故事时间。因为这是宝宝一天中精神状态最稳定、最平静的时候，这时如果给宝宝讲一些美丽的、欢乐的及培养情感的故事，宝宝就会很容易接受。其他时间要根据宝宝的兴趣而定，早上起床时也是宝宝愿意和爸爸妈妈进行互动的好时机，睡了一夜，见到爸爸妈妈他会很高兴。总之，只要是爸爸妈妈和宝宝都感到放松和愉快的时候，都可以成为故事的开讲时间。

和1岁宝宝一起快乐阅读

亲子阅读，共享甜蜜好时光

在宝宝3个月大时，妈妈给宝宝喂足了奶，看着宝宝仰面躺在那里望着天花板出神，就顺手拿起手边的一本书，将书翻开对着他，其目的是引逗他玩儿。没想到，宝宝竟然很有规则地上、下、左、右转动着看完了一页，当妈妈翻开另一页时，他的眼睛又重复地移动了起来，而且会一页接一页看下去。

宝宝当然不能看懂内容，但也说明宝宝喜欢“看”书。妈妈顺势躺了下来，举着书边让宝宝看，边阅读上面的内容，边开始了亲子阅读生活。

当宝宝大些时，母子俩可以坐在床上共同阅读。妈妈把宝宝抱在怀里，让宝宝看着书中的彩图和文字，津津有味地读着，宝宝很认真地看着，从不急着翻下一页，等妈妈读完了，才用小手和妈妈一起翻到下一页。

到了1岁，宝宝更是喜爱边看图书边听妈妈讲故事。每天，母子俩都会在一起度过一段甜蜜的共读时光。这时，宝宝能用他的小手翻书页了，妈妈只负责绘声绘色地讲书中描述的故事，宝宝不仅仅是被动地听，他还会随着故事的进展或不同角色的出现，以声音或动作来参与共读过程。当妈妈读到大老虎时，宝宝嘴里还“啊呜啊呜”地发出声音，读到小花猫时，就“喵喵”地叫上几声。要是听到兴奋之处，他还要舞动着小拳头发出尖叫声。

不识字的宝宝也需要读书

亲子共读是一种享受，也是培养宝宝读书乐趣的渠道。从婴儿时期就开始与书结缘的孩子，有更多的机会积累他们的阅读经验，从而使图书成为他们生活的一部分，成为他们了解自己与世界的一个重要来源。

许多爸爸妈妈会这样认为，识字是阅读的必然前提，1岁的宝宝不识字，不会看书，也不需要看书。其实，阅读往往是一种潜移默化的过程，虽然此时的宝宝还不识字，但是并不代表他不能读书。因为他们生来就充满好奇心与探索欲，对图书也是同样充满了好奇的。通过咬、翻、抓等各种对图书的探索行为，宝宝也可以早早踏上他的阅读之旅。

早期阅读并不仅仅在于发展孩子的阅读能力，好的图书内容再配上生动有趣的图片，对宝宝品格的形成、感官的发展也有着重要的作用。如今不少童书在设计时会吸引宝宝动手操作，这样容易让宝宝对书籍产生兴趣。除了翻页的小小乐趣之外，有些页面一感光就会发出声音，有些只要用小手轻轻一按就会发出美妙的音乐，宝宝自然喜欢动手了。再加上爸爸妈妈读书的内容、解释图片的意义，宝宝的理解能力和语言能力也会逐步增进。

阅读能力并非与生俱来，需要经过后天的学习与练习才能获得。爸爸妈妈应该积极行动起来，激发小宝宝的读书兴趣，让宝宝真正地进入到图书的美妙的世界。不要担心宝宝坐不住，或把书弄坏，这是培养幼儿阅读兴趣和阅读习惯的关键阶段。1岁宝宝的阅读，是以“玩”“看”“听”为主的。不如把书当作一种玩具提供给宝宝，让他们自主翻动页面，与书培养感情吧！

让1岁宝宝爱上阅读

早期阅读的主要目的在于培养宝宝爱书的兴趣，而不是书中的内容。所以，读书时的焦点应该放在宝宝身上，而不是图书。当宝宝有用手翻书的意向时就让他翻个够，不要怕书被宝宝撕掉，或放入口中吃掉，因为幼儿的“吃书”也是他探索图书的方式。爸爸妈妈最好选择用硬纸板做的卡书，用布做的布书，还有小木书等，这些书不怕啃咬，便于宝宝翻阅，有的还可以用水洗，且图书的圆角处理对宝宝也很安全。在内容上要选择那些符合幼儿心理、充满天真童趣、画面大、图画清晰的书，这样宝宝才会喜欢，也才会有兴趣阅读。

4个月以前的小宝宝由于头部还不能稳定地竖立，爸爸妈妈可以躺在宝宝身边，一边翻书一边给宝宝阅读，让宝宝熟悉书。4个月以后，就可以抱着宝宝一起看一些色彩鲜明、线条清晰、图案简单的画册了。爸爸妈妈要一边看一边告诉宝宝图案的名称，同时让宝宝用小手去触摸图案。这些图案最好是宝宝经常看到的，如苹果、橘子、皮球等，容易使他获得更深刻的印象。一开始宝宝肯定听不懂，只要爸爸妈妈有耐心，不断地重复，宝宝很快就会记住了。每天都应该有一个相对固定的时间和宝宝一起阅读，久而久之，孩子就会养成阅读的好习惯。

7～8个月后，宝宝对书的兴趣促使他去翻动书页，这时妈妈可以坐在宝宝身边，或让他坐在爸爸妈妈怀里，鼓励宝宝用小手翻书。如果宝宝翻动一页，妈妈要亲亲他，夸他“真棒，宝宝能自己看书了”，没有翻动也没关系，妈妈可帮助他一起翻过来。这个时期带宝宝看书可以采用“自问自答”的形式，如问：“小狗在哪儿？”然后指着书上的小狗图像说：“噢，小狗在这儿！”经过一段时间的亲子阅读，宝宝大约在10个月后，就可以伸出小手指认东西了。这时和宝宝一起读书，他的互动性就更强了，当爸爸妈妈问："小狗在哪儿"时，则要鼓励宝宝用手指出。当宝宝1岁，能发出一些单音节词时，亲子阅读就要逐渐进入"你问他答"的阶段，如爸爸妈妈指着图中的马问宝宝："这是什么？"鼓励宝宝作出回答。

1岁宝宝的专注力十分有限，在阅读过程中可能总是坐不住，很难安安静静地坐下来看书或是听爸爸妈妈讲解。爸爸妈妈对此千万不要操之过急，更不可以动怒，应该配合宝宝能持续的时间，采取分段训练的方式陪他一起快乐阅读。

为了让宝宝爱上读书，培养他的阅读兴趣，爸爸妈妈可以在宝宝看得到的范围里，或他经常"出没"的地方，摆些小画书，让他随兴所至地翻阅。只要发现宝宝对书产生好奇，爸爸妈妈应及时邀请："咱们一起来看书吧！"让宝宝感到看书和做游戏一样，是件很好玩的事，这样他就会很积极地参与到与爸爸妈妈的亲子共读中了。

在进行亲子共读时，最好为宝宝营造一个舒适且安静的环境。如果条件许可的话，不妨在家中为宝宝设置书房，或选择比较舒适的角落作为读书角，让宝宝习惯在这些地方读书。

当宝宝表现出累了或是困了时，就要马上停止，不要强迫他非要看完一本书才停。强迫宝宝，只会使他产生逆反心理，对阅读产生厌倦感，从而失去对书的兴趣。由于每个宝宝的喜好都不同，在亲子共读的过程中应注意观察，找出宝宝对哪些书感兴趣，陪宝宝读他所喜欢的书，这样才能让宝宝感受到阅读的乐趣。千万不要因为某些书比较知名，或认为哪些类型的书对宝宝有益，而一味地强迫宝宝去阅读。如果宝宝缺乏兴趣，那么即使再好的书也没用，反而可能伤害宝宝的阅读热情。

此外，为了让宝宝对图书感兴趣，爸爸妈妈可以经常带宝宝逛逛书店或图书馆，让他感受一下阅读的气氛。1岁的宝宝已经开始模仿爸爸妈妈的举止了，当他看见爸爸妈妈对书爱不释手时，自然也会对读书产生兴趣的，因此爸爸妈妈平时要做好爱读书的身教示范。

阅读是伴随宝宝一生成长的活动，阅读开始得越早，阅读时思维过程就越复杂，对智力发展就越有益。所以，爸爸妈妈一定要坚持陪伴宝宝进行亲子共读，让孩子在生活中享受阅读的快乐。

CHAPTER 06

婴儿也“难缠”——1岁幼儿最令人头疼的教养难题

1岁的孩子似乎什么都听父母的，恣意地度过单纯而快乐的人生第一年，然而即使是如此单纯而简单的婴儿，还是会给父母出些令人头疼的教养难题。

爱唱反调怎么办

乖宝宝变成了“小杠头”

早晨，宝宝刚刚起床，做好饭的妈妈来拉宝宝去洗脸。宝宝虽然眼皮发涩，却把自己的小手缩了回来，他不要洗脸，而是想吃饭。

妈妈劝慰宝宝说：“乖，先洗脸再吃饭。”

宝宝就是不干，光着小脚丫就往床下滑，嘴里还大声喊着“不、不。”

妈妈把他抱了起来，一边替他穿鞋，一边说：“一定要先洗脸，然后才能吃饭，每天都是这样的，不讲卫生的宝宝妈妈不喜欢。”

宝宝拼命地挣扎，妈妈只好强行把他抱进盥洗室，坚持“先洗后吃”的原则。宝宝就是不配合，两只小手把脸盆里的水弄得到处都是，把自己和妈妈的衣服都弄湿了。宝宝毕竟是一个只有1岁的小家伙，最后在妈妈强势的胁迫下，还是把脸洗了。宝宝用大哭来抗议，后来妈妈把他放到餐桌的椅子上，他也没有了食欲。

面对“罢饭”的宝宝，妈妈心里也很生气，孩子怎么越长越不听话了呢？刚出生时，宝宝一会儿饿了，一会儿尿了，弄得妈妈连个囫囵觉都睡不成，再说妈妈说什么他又听不懂，所以天天盼着他长大。等宝宝能爬会坐的时候，又盼着他能站会走，而现在什么都会了，可脾气却见长，时不时地还同大人对着干，这以后可怎么得了？妈妈开始怀念起从前的日子来，躺在床上的小宝贝是那么乖，要他笑，他就小脸乐成一朵花；要他拍手，他就高兴地拍手。现在可好，和大人唱起了反调，不是不配合小便，就是不配合洗脸，有时还会无缘无故地乱喊乱叫，时常发点儿小脾气，这着实令妈妈烦恼和哭笑不得。

唱反调，宝宝开始有了自我意识的萌芽

不知从哪天开始，那个抱在怀里软软的，任凭爸爸妈妈安排吃喝玩睡、乖乖配合爸爸妈妈的可爱小人，突然一夜之间开始和你唱反调了！这让还没有来得及应对宝宝逆反情绪的爸爸妈妈有点儿措手不及。

1岁前的宝宝就像一个小天使，乖巧可人，刚刚到了1岁，他的脾气就来了，开始“不”字当头。尽管此时的宝宝刚刚会讲几个双音节单词和单字，但是说的最多和最清楚的竟然是“不、不、不”，而且还落实到了行动上：走路不让扶，吃饭不让喂，不配合洗脸，不听大人招呼……

1岁的宝宝由过去的乖巧变成了“小杠头”，反差的确很大。他们之所变得如此“胡搅蛮缠”，不是因为他们不可理喻，而是因为宝宝开始逐渐有了自我意识。在宝宝逐渐摆脱依赖、走向独立的过程中，他用反抗来吸引更多的关注，并证明自己已经有能力“独立”了。在他们的躺卧时代，凡事都需要爸爸妈妈的帮助，否则就无法实现自己的愿望。当他想看看窗外的风景时，没有妈妈把他抱在怀里，他是达不到“看一看”的目的的。当他想出去“转转”时，也要借助爸爸妈妈的腿才能完成。他们学会了走路后，受对外界强烈的好奇心而产生的探索心理的支配，他们能自己支配自己的行动了，犹如被禁锢了的人，终于获得解放，他们这时的兴奋心理是可想而知的。他们想到处看看、摸摸，凡事都想亲力亲为，对爸爸妈妈

的“关照”自然不加考虑，如果受到禁止就更加恼火了。

和逆反宝宝和谐相处

面对宝宝不合理的“自我主张”，许多爸爸妈妈认为和1岁的孩子讲道理他也不懂，干脆快刀斩乱麻，采取强制措施来制止他的行动。也许有的宝宝会“屈服”，但有的宝宝会更加倔强起来。这样对待1岁的孩子是不公平的，他们所表现出的“不”，并非是故意和父母对着干，而是他们在试图了解周围的环境，建立自己的好恶观念，表达个人的需求。可以说孩子有“自我主张”是一件好事，爸爸妈妈需要谨慎处理，否则会对孩子的成长产生不利的影响。这时爸爸妈妈要做的不是强行制止，而是在旁加以指导，促进孩子心理健康的发展，帮助他顺利度过“反抗期”。

1岁的宝宝不冷静，但爸爸妈妈要冷静，不能和孩子较劲，他们确实不知道自己的行为是不对的。当宝宝大喊大叫时，爸爸妈妈予以训斥只会火上浇油。也许他会因为爸爸妈妈的暴力举动而停止哭闹，但是宝宝的内心深处会更加没有安全感，觉得这个世界上没有谁是他的“知音”，觉得爸爸妈妈不爱我了，从而造成心理上的伤害。

其实，对付1岁的宝宝还是比较容易的，他们的心智还没有发展到能与爸爸妈妈抗衡的地步。当宝宝与你唱反调、不听话时，若采取一些“小伎俩”，就能让宝宝在不知不觉中乖乖听话。

转移注意力，是对付逆反宝宝十分见效的方法。如宝宝正拿玩具砸桌子，爸爸妈妈强硬制止，只会招来宝宝反抗，这时不妨拿出宝宝喜欢的玩具，说：“宝宝，一起来玩玩具喽！”他准会放弃“暴行”，跑过来和你一起高兴地玩玩具。

对于正在发脾气的宝宝，有时可能不太好转移他的目标，不妨温柔地坚持：温柔地抱着他，让他哭一会。不要在此时给他讲道理，不要再去证明你有多么正确，只要平静地将宝宝抱起，温柔地告诉他，爸爸妈妈很爱他，他有权利发脾气，感到难过的时候可以在爸爸妈妈怀里尽情哭出来。

当宝宝唱反调的时候，用一些选择性的口气也能让他消除戒备心理。如你想让他穿上外套，不要用命令的口气对他说：“宝宝，把外套穿上。”这会增加他逆反的机会。不妨问他：“你穿带小白兔的那件，还是穿带小熊的那件？”想让宝宝在饭前洗手，你也可以扔一个选择题给他：“宝宝想用红色的毛巾，还是蓝色的毛巾？”这样一来，他的注意力就会从是不是穿衣、洗手，而转移到选择哪件衣服和毛巾上来了。这种声东击西的方法，会让宝宝在不知不觉中接受爸爸妈妈的条件。

对逆反宝宝“反其道而行之”，往往会起事半功倍的效果。如宝宝不好好吃饭，可以不理他，故意说：“宝宝不吃了，咱们来吃吧，今天的饭真香啊！”或者故意夸张地对并没有好好吃饭的宝宝说：“宝宝吃饭真棒，吃得又快又好，妈妈都赶不上宝宝了！”这都会激起宝宝决定好好吃饭的念头，最终达到爸爸妈妈的目的。

宝宝都喜欢游戏，爸爸妈妈可以把想让他做的事情变成好玩的游戏，这样宝宝会更乐于接受。如他总是不想去卫生间，并为此总尿湿裤子，爸爸妈妈不妨来点儿小幽默，在估计他要小便的时候，将他扛起来：“现在我要扛着这把枪，让他到厕所发射子弹去喽！”相信，这样的方式宝宝一定不会拒绝，他会很快忘记他的“不”，兴高采烈地跟着你走。于是上厕所的任务就变成了一种有趣的游戏，这会给宝宝带来新鲜感，使宝宝在游戏中不知不觉地接受父母的建议。

宝宝来到这个世界，毕竟才1年的光景，他还只是个小小的人，所以，爸爸妈妈不要一看到宝宝跟自己唱反调，就气不打一处来。只要爸爸妈妈巧妙地运用一些方法和技巧，就能让逆反宝宝乖乖听话，从而与他和谐相处。

6个月时会遭遇的认生问题

令妈妈尴尬的“翻脸不认人”

宝宝从一个躺在那里的嫩嘟嘟的“小粉团”，到冲你笑，要求你抱，再到出落得越来越可爱，成了一个人见人爱的超级小精灵，他似乎十分愿意被宠着，对谁都友好地给一个笑脸。见到有人要抱他，他也十分配合，从不反对别人向他伸出的爱抚之手。

自己的宝宝被大家爱着，做妈妈的心里十分受用，也愿意时常抱着宝宝到处走走，听到别人夸奖宝宝漂亮、聪明，妈妈心里自然高兴。可是，这样的日子并不长久，当宝宝到了6个月以后，妈妈在人前就变得尴尬了。平时任人搂抱和亲吻的宝宝突然像变了一个人似的，非但不让生人碰了，就连过去曾抱过他的熟人也不肯给面子了。

他缩在妈妈怀里，像一只警觉的小鹿，随时警惕着别人把他从妈妈怀里夺走，即便是别人摸摸他的小脸蛋儿他也是一百个不愿意。甚至宝宝瞅见有人看他，就开始哇哇大哭起来，这真令妈妈尴尬不已。

妈妈很疑惑，宝宝越来越大，可胆子怎么反而越来越小了呢？

宝宝“认生”不是错

认生，是婴儿心理发展过程中出现的一种正常现象。有些爸爸妈妈会觉得奇怪，宝宝以前见到陌生人，不仅喜欢看着人家，有时还会高兴地冲人家微笑，怎么到了6个月以后就“翻脸不认人”，开始“认生”了呢？是不是宝宝退步了？

当然不是。宝宝认生不仅不是退步，反而是婴儿心理发展进步的表现！

认生可不是小宝宝的错，它说明宝宝已经能够敏锐地辨认熟人和陌生人了。

3～4个月的宝宝不认生，对谁都“自来熟”，十分惹人怜爱。这是因为那时他还不懂得“认生”，弄不清楚家人和陌生人的关系，他的记忆系统还很不完善，所以对接近他的人没有亲疏远近之分。到了6个月的时候，宝宝开始有了明显的记忆力，由于爸爸妈妈和家人经常和宝宝接触，他们的模样已在宝宝的脑海里留下了深刻的印象，宝宝就会记住他们。而陌生人的面孔宝宝从没有见过，这种形象与他存留在脑子里的熟悉的人的形象差别太大，他就会表示拒绝接受。

此外，6个月时，宝宝开始与他亲近的人产生依恋情绪，而恐惧情绪也在此时如期而至，这也是宝宝只对妈妈或他最亲近的人“情有独钟”，见到陌生人时则显露出害怕、警觉、焦虑，甚至哭闹的原因。

每一个宝宝在这个年龄阶段都会出现“认生”行为，但每个孩子所表现出的认生程度也有所不同，这与他自身的气质和所处的生活环境有一定的关系。那些“容易抚育型”的宝宝容易适应环境，对外界反应持有积极的态度，他们怕生的程度就轻；相反一些天生气质比较胆怯的宝宝，适应能力稍弱，所以他们的怕生行为就表现得比较明显。另外，如果宝宝生活在一个家里人较多的大家庭里，又有较多的机会接触外界，那么宝宝怕生的现象也少见些。

婴儿期的“认生”现象一般从6个月开始，大约持续到1岁半左右，随着宝宝年龄的增长，认识范围不断扩大，接触陌生人的机会增多，宝宝会自然消除对陌生人的恐惧，从而结束他的“认生”生涯。

让“认生”宝宝多见世面

虽然宝宝的“认生”是很正常的一个心理发展过程，但爸爸妈妈也不能因为宝宝“认生”而回避宝宝与人交往，这会使宝宝变得更加胆小和黏妈妈。妈妈应帮助宝宝尽快克服这一心理过程，以减轻和缩短宝宝的认生程度和认生时间。

在宝宝刚开始有“认生”迹象的时候，妈妈可以有意地多带宝宝出去见见世面，多接触其他人。如经常带宝宝到户外玩耍，去亲友家做客，见到那些漂亮阿姨或者小朋友时主动打招呼，让宝宝见识各种各样的人，接触各种不同的社会环境，不断扩展宝宝的社交圈子。宝宝见识的人和环境多了，适应能力也会随之加强，认生的程度自然也就减轻了。

对于宝宝生活上的照顾，妈妈也不要事无巨细地亲自来做，可以让家里人或其他人员帮忙给宝宝喂奶、喝水、换尿布、抱着玩、逗着说话、做简单的游戏等。宝宝通过与其他人的接触，会逐渐认识到，除了妈妈外，周围还有许多别的人，他们也都是和蔼可亲的，这样就容易让宝宝认可更多的人与他接触了。

当家里来了宝宝不熟悉的客人，或在路上遇到“陌生人”时，不要将宝宝立即介绍给朋友，也不要让他马上去抱宝宝，这会造成宝宝心理上的压力和不安全感，他会因为紧张和惧怕而哭闹。可以把孩子抱在怀里，大人之间先进行友好的交谈，爸爸妈妈与他人轻松愉悦的谈话，会使孩子明白：“哦，看来这个人并不可怕。”渐渐地，他的恐惧心理就会消退。等到宝宝的情绪平定下来，他便有可能出于自己对陌生人的好感和好奇，主动与陌生人接近和交流起来，这就为发展孩子的人际交往能力奠定了良好的基础。通过自己与陌生人热情友好的谈笑，来感染宝宝，可以让宝宝建立起对陌生人的信任。

爸爸妈妈不能为锻炼宝宝的胆量，盲目地让宝宝接触陌生环境和陌生人，不能一厢情愿地勉强宝宝和陌生人亲近，要尊重宝宝的亲近选择。如果宝宝不愿意跟陌生人亲近，不要强迫他，不能很突然地将宝宝交给“陌生人”抱，更不要让他单独与“陌生人”在一起。这样只会进一步加深宝宝的排外心理，使他感到更加紧张和害怕。总之，从陌生到接受是一个逐渐适应的过程，爸爸妈妈不可以太突然，太急切。

伴随着怕生，此时宝宝还会出现对爸爸妈妈的无限依恋。所以，这个时期爸爸妈妈要满足宝宝的依恋心理，尽量多陪伴宝宝，不要与宝宝分开的时间过长，更不能长期离开自己的孩子。在依恋父母的基础上，宝宝才会获得安全感，逐渐建立起对周围环境的信任，从而使他减轻对陌生人的恐惧和焦虑，愿意与人交往，从而很快适应新环境。

半夜不睡觉的问题

宝宝是个小夜猫

夜晚来临了，妈妈心里却“恐惧”了。小宝宝刚刚睁开惺忪的睡眼，瞪着大眼睛看着妈妈，还不时给妈妈来一个甜甜的微笑。妈妈亲亲躺在那里的小宝贝，拍拍他的肩膀，希望他继续睡下去。但妈妈知道，这样的期望是徒劳的，他已经迷迷糊糊地睡了整整一个白天，夜晚对他来说，正是清醒的时刻。他要玩耍，要爸爸妈妈陪在他身边，就这样来度过一个夜晚。而白天打理孩子的一些事物又睡不着觉的妈妈，多想在夜晚美美地睡上一觉啊！可是这一切，已成为妈妈的奢望。由于宝宝睡反觉，爸爸妈妈也要跟着“值夜班”。

许多爸爸妈妈都有过这样的遭遇，小宝宝白天总是迷迷糊糊地睡觉，晃都晃不醒，可是一到了晚上，他却特别有精神，睁着一双明亮的眼睛，就是不睡觉。即使睡上一小会儿，也是一小会儿就醒了，而且还很爱哭闹。有时他非但不睡觉，还要求爸爸妈妈抱着他在地上走来走去，他则睁着双眼到处看。尿片也换了，奶也喂了，躺在襁褓中的小宝宝看来很满足，他睁着眼睛东看看、西瞅瞅，丝毫没有睡意。没有办法，爸爸妈妈只好轮流值夜班，陪伴着宝宝度过漫漫长夜，一个个累得筋疲力尽。

宝宝还没有夜与昼的概念

爱睡“反觉”的宝宝不在少数，许多宝宝在3～4个月以前都出现过这种现象。他们白天睡得很沉，但一到晚上就开始兴奋起来。宝宝之所以出现“黑白不分”，是因为他还没有昼与夜的概念。他们不太在乎是白天还是黑夜，只要自己有奶吃，被窝暖和，有人陪他，就心满意足了。

宝宝在妈妈的肚子里时，是感觉不到白天黑夜变化的，他在漆黑的世界里待了9个月，当他刚刚来到这个世界上时，他的生物钟尚未拨到人间来，自然需要一个适应的过程。而且刚出生不久的小宝宝，由于视觉和听觉能力还比较弱，他还不会玩耍，对周围的事物也缺乏应有的兴趣。此时他需要做的，就是一天24小时睡觉和吃奶，这样才能保证他身体正常的发育和成长。因此，白天和晚上对于他来说，并没有什么特别的含义。他们睡觉的时间比清醒的时间长得多，每天睡眠时间就占16～18小时。他们多是在饥肠辘辘中醒来，然后用哭声通知妈妈我饿了，吃饱后玩上一会儿，就又继续进入甜蜜梦乡。

此外，宝宝出现这种日夜颠倒的现象，还和妈妈在孕期内生活不规律有些关联。如果宝宝在母体内的作息习惯是在晚上活动，出生后自然也会延续这种生活作息，出现白天睡觉、夜晚精神特别好的情况。

帮助宝宝把生物钟拨正

宝宝半夜不睡觉，的确困扰着爸爸妈妈。为了爸爸妈妈能够得到充分的休息，免受熬夜之苦，也为了小宝宝的正常发育，要帮助宝宝将生物钟调整过来，让他建立起白天与夜晚的观念。

当白天宝宝睡觉时，不必给他创造特别好的睡眠环境。索性拉开窗帘，让阳光充满整个房间，且房间也不需要太安静，生活中一些正常响动，爸爸妈妈也无须为了宝宝而去回避。或者直接把宝宝放在睡篮里面，把他推出室外，让他感受白天的光亮。而到了晚上，则需要为宝宝渲染一下睡觉的氛围了。不妨只开一盏小夜灯，并且尽量保持周遭环境的安静，让宝宝产生对夜晚的认知。这样，宝宝就会意识到，白天和晚上的睡眠是不同的。

为了帮助宝宝晚上睡得长久一点儿，区别夜晚睡眠与白天小睡的不同，在晚上睡觉前，妈妈要给宝宝建立起一些固定的睡眠暗示，每次睡眠前都做相同的事情，做完后就让宝宝睡在床上。例如，先给宝宝洗一个温水澡，然后给他换上睡衣、喂奶、换尿布、唱催眠曲并关上卧室灯。每天坚持这么做，以后每次做这些事情的时候，就会有一个暗示传递给宝宝：我该睡觉啦！他自然就养成了习惯。

此外，夜间和白天的吃奶也应有所不同。由于月龄较小的宝宝无论白天、黑夜随时都要吃奶，为了使夜间的喂奶产生实效，并减少对睡眠的打扰，妈妈在夜间哺乳时，不要跟宝宝说话，也不要开灯，或者把屋里的光线调暗一点儿，尽量保持安静和睡觉的气氛。而白天喂奶时，则可以多跟宝宝互动交流，跟他说说话，给他唱首歌。这样，宝宝就会逐渐明白，有光亮的时候，能和妈妈玩游戏，而什么都看不清时，则不是玩的时间。

要想让宝宝夜间安稳地睡觉，在宝宝晚上睡着时，爸爸妈妈要轻手轻脚地做事情，不要惊动他。到了早上，即使宝宝还在入睡，也不用刻意回避生活的声音，即使因此吵醒宝宝，也不用太在意。如果宝宝醒了，爸爸妈妈要抓住这个时机，给宝宝做做体操，和宝宝说说话，唱个明快的歌曲。或者竖着把宝宝抱起来，让他看看周围的世界，用玩具逗逗她，同宝宝玩一些小游戏。总之，就是让宝宝尽量多玩少睡，为晚上“积攒”整块的睡眠时间。但是，也不要为了让宝宝晚上睡觉，而阻止他在白天的小睡。毕竟，对于这个阶段的宝宝来说，他还是需要大量睡眠的，并且过度地刺激和劳累，反而会使宝宝在晚上睡不好。

吃饭跟着跑

宝宝吃饭像打仗

宝宝1岁了，自己已经会摇摇晃晃地在家里到处走了，可是又给妈妈增加了新的难题。几个月前还可以把他放在餐椅里坐着，或放在大人的腿上，半抱着喂饭，可如今的他已经不满足于安生地坐在那里等妈妈喂饭了。他学会了走路，能自由支配自己的双腿了。

妈妈端着一碗香喷喷的蛋炒饭，愉快地喊宝宝过来吃饭，正撅着小屁股在阳台上忙着鼓捣沙土的宝宝，却不肯放下手中的小铲子。妈妈只好蹲下身来，用小勺子往宝宝的嘴里送饭。宝宝不情愿地张口吃了下去，妈妈赶紧又喂给他。宝宝边吃边玩，一小碗饭只吃了一小半，宝宝就拒绝进食了。很有耐心的妈妈随着孩子的身体转，总想让宝宝多吃上几口，无奈宝宝就是不肯领情，嫌妈妈来烦自己，就跑到另一个房间玩去了。他一会儿爬到沙发上玩积木，一会儿又跑到电视跟前，随着电视画面又蹦又跳，总之，一刻也不停歇。妈妈在后面紧撵着，趁宝宝停下的工夫，赶忙往他嘴里送一上口。阳台上、沙发上、床上、地板上，都成了宝宝吃饭的战场。就这样，宝宝走，妈妈追，一顿饭下来，动辄就是一两个小时，搞得大人孩子都很不愉快，也很累。

像这样“吃饭跟着跑”的场景，在生活中真是屡见不鲜。孩子总是不肯安静地坐下来吃顿安稳饭，要么是边吃边玩，要么是拒绝进食，每次吃饭就像打仗，需要在宝宝屁股后面追着喂，一顿饭从热吃到凉，而且要吃好长时间。有的宝宝在吃饭时，真是“全家总动员”。妈妈端着饭碗，奶奶在一旁拿着玩具逗引，等孩子一张嘴，赶紧把饭勺送进去。照理说，人饿了就知道吃饭，可宝宝的吃饭似乎成了家长的一道难题。

边吃边玩危害大

1岁左右的宝宝，由于活动量加大和身体生长的需要，饮食量也会不断增大，并且对各类食物的适应能力也逐渐增强。特别是断奶后，咀嚼功能逐步建立，对食物的色香味有了自己的辨别力，加上好奇心极强，按理说，这个阶段的宝宝应该喜欢吃饭才对。可是生活中，有许多小宝宝却不好好吃饭，即使是在大人喂饭的情况下，也不愿意配合地张开尊口给大人一个面子。

宝宝不能安静专注地吃饭，并非他食量小，而是与诸多因素有关。1岁左右的宝宝，随着各项能力的增长，告别了“不自由”的时代，探索和活动范围越来越大，令他们感兴趣的事情就更多了，玩耍成了主要活动。有些宝宝会边吃边玩，或者边看电视边吃饭，这在无形中延长了吃饭时间。除此以外，由于他的耐心不够，专注时间又很短，所以，想要他们安安分分地坐在位子上专注地吃饭很难。他们总是坐不住板凳，眼睛一直在四处环顾，寻找他感兴趣的目标。宝宝不好好吃饭，还与零食吃多了有关。如果爸爸妈妈在两餐之间让宝宝吃了过多的零食，到吃正餐的时候，他自然就会没有了食欲。

1岁左右的宝宝有了自主吃饭的愿望，他们对吃也很感兴趣，看到爸爸妈妈吃饭的样子，也会尝试着去模仿。但许多爸爸妈妈总认为宝宝还小，担心宝宝吃饭撒落满地、弄脏衣服或吃不饱，而采取喂饭的方式。结果宝宝自己就不愿意动手了，没有了学习吃饭的兴趣，而把精力转移到其他方面上。这种不让宝宝动手的错误理念和养育方式，无疑温柔地扼杀了宝宝学习探索的机会。

宝宝边吃边玩可不是个好习惯，它不利于宝宝正常的生长发育。由于边吃边玩容易使进餐时间加长，这样大脑皮层的摄食中枢兴奋性就会减弱，导致胃里面的各种消化酶的分泌减少，胃的蠕动功能减弱，从而妨碍食物的消化吸收。而且边玩边吃，会使血液流向大脑或四肢，分布在胃肠道的血液就会减少，容易使宝宝的消化功能出现紊乱。由于宝宝吃饭时兴趣完全在玩上，他无暇顾及食物的味道和质地，不太知道自己到底吃了什么东西，也不知道具体的味道。这样时间一长，宝宝对吃饭就会越来越没有兴趣，甚至不让他玩，他就采取不吃饭的方式要挟爸爸妈妈。

宝宝边吃边玩还容易发生意外伤害，他们在玩的时候嘴里含着食物，注意力却在玩上，很容易发生食物误入气管的情况，轻者出现剧烈的呛咳，重者可能导致窒息。边吃边玩对于会走会跑的宝宝就更危险了，嘴叼着小勺跑来跑去时，如果摔倒，小勺可能会刺伤他的口腔或咽喉。

饿两顿就不用追了

宝宝不肯在吃饭的时间乖乖吃饭，主要责任还在于爸爸妈妈。“肚子饿了，便想吃饭”，这是人类与生俱来的本能，如果宝宝的肚子真的很饿，就不会出现不肯吃饭的问题。因此，宝宝“拒绝吃饭”，其实是在告诉爸爸妈妈：“你们饿了，我还没饿呢！”由于爸爸妈妈总是担心宝宝不吃饭营养跟不上，于是便采取强制的方式逼他进食，结果追着孩子喂饭的一幕就常常在很多家庭上演。

其实，孩子不想吃饭，爸爸妈妈也没必要逼他进食。不妨把食物收起来，告诉他这回不吃，只好等到下次吃饭时间了，中间是不会开饭的。等宝宝饿的时候，就告诉他，饭点过了，只能到下一顿吃饭的时候才有东西吃，让他知道错过饭点是很严重的事情，不在饭点好好吃饭，就没有饭吃了。几次过后他就长记性了，便会乖乖坐下来认真吃饭。

吃饭是宝宝自己的事情，爸爸妈妈最好不要剥夺他自己动手吃饭的机会。1岁左右的宝宝都有自己动手的强烈愿望。他们对任何事情都会产生浓厚的兴趣，吃饭时常常有抢勺子、筷子的举动，甚至伸出小手去抓饭菜。这可是求之不得的，如果宝宝想自己动手吃饭，就让他好好享用吧，爸爸妈妈最好不要加以阻止。不要因为孩子的精细动作还不协调，常常会弄撒饭菜而打消宝宝吃饭的积极性。父母一定要耐心地去指导，给予宝宝适当的帮助。宝宝养成自己吃饭的习惯，不仅有助于改掉他边玩边吃的毛病，还能促进他手眼协调动作的发展，更加利于宝宝的成长。

要想让宝宝好好吃饭，可以带宝宝去商场，让他挑选自己中意的餐具，并让他试一试小碗端在手里适不适应，小勺能不能顺利地放到嘴里。告诉宝宝，这是他专用的餐具，宝宝一定会爱不释手，这样可以增加宝宝吃饭的兴趣。经过愉快的引导和示范，宝宝不仅能乖乖地坐下吃饭，还能积极主动地自己动手，省去了爸爸妈妈喂饭的麻烦。

为了让宝宝对吃饭有兴趣，可以让他参与进来。在做饭的时候，妈妈让宝宝看如何择菜、洗菜，烹饪时只要危及不到宝宝，也可以让他参观一下。等一切弄好后，先让宝宝闻闻不同菜肴的香味，看看不同的颜色搭配，勾起宝宝的食欲，然后带宝宝去洗洗手，让宝宝自己拿专用的餐具，坐在自己固定的座椅上。在端上饭菜的时候，爸爸妈妈要表现出对饭菜很感兴趣的样子，并把这种情绪在不经意间传递给宝宝，当他看到大家都津津有味地享受美味时，也会把注意力集中在吃饭上。在宝宝吃饭时，家人不要走来走去或吵吵闹闹，也不要开电视，以免引起宝宝兴奋和注意力的转移。吃饭时也不要将玩具等物品放置在宝宝够得着、看得见的地方，否则，宝宝能随手拿到玩具，注意力容易分散，自然影响进餐的时间和质量。

吃饭时间并非越长越好，宝宝的吃饭时间和爸爸妈妈一样，每餐吃20～30分钟足够了。对于喜欢边吃边玩的宝宝，要限制他的吃饭时间，时间一到，即使吃不完也要把饭菜拿走，让宝宝知道饭菜是过时不候的，要专时专用。同时，要让宝宝知道，吃饭是有固定位置的，只有坐在餐桌旁才有饭吃，并不是他想在哪里吃就能在哪里吃。跑来跑去就吃不到东西，除非他不想吃。

在对待宝宝吃饭的问题上，爸爸妈妈也不妨运用一些小技巧。1岁的宝宝开始有了逆反心理，有的宝宝越是让他坐着吃饭，他越要走来走去，妈妈可有意地说："今天的饭真好吃，你要玩就别吃喽。"这时，他一定会很快坐下来大口大口地吃，因为他要和妈妈对着干，你不让我吃我偏偏吃给你看。没有一个宝宝不喜欢表扬和奖励，不妨多夸夸宝宝，如："宝贝今天吃得真快！""宝宝好棒哦，加油！"这些口头表扬对宝宝是很有用的。如果宝宝能坚持按时吃饭，还可以适当给些小奖励，如带他去玩，给他一个吻。

总之，宝宝不爱吃饭，与爸爸妈妈的教养有很大的关系。在对待宝宝吃饭的问题上需要少些溺爱，多些训练，充分利用宝宝的心理特点引导宝宝，帮助他养成专心吃饭的好习惯。

宝宝不爱说话

宝宝缘何金口难开

宝宝都1岁了，喜欢听妈妈说话，妈妈说的话他基本都懂，可是却很少开口应答妈妈。每当看到别的宝宝嗲声嗲气地同妈妈“热聊”时，妈妈便会投过去羡慕的眼神。看看自己的宝宝像一个聪明的“小哑巴”，妈妈不无担忧地想，这孩子是不是有什么问题？都这么大了，还很少开口说话。

宝宝不爱说话，要具体问题具体分析，多数宝宝在1岁的时候刚刚会说话，有的宝宝表达能力明显比实际年龄低，如口齿不清、发音不正确、不知道怎样表达，所以很少开口说话。但这不代表他们不会说话，因为宝宝说话是一个缓慢的渐进过程，不可能一开始张口就能流利地讲话。

那些容易害羞或者性格孤僻、内向的宝宝，大多属于不善于表达的群体，他们很少主动开口说话。如果爸爸妈妈不爱主动同孩子多说话，宝宝得不到语言环境的刺激，没有说话的模仿对象，也就变得不爱说话了。

此外，过分地顺从孩子也是导致宝宝不爱说话的原因。没等宝宝开口提出什么要求时，善解人意的爸爸妈妈就已经把他想要的东西给了他。孩子愿望达到了，自然用不着或懒得去用语言表达，用手指去指点就能得到想要的东西，他就不肯开口了。开口讲话可能爸爸妈妈不懂要领，而通过指点或暗示就能得到满足，又不用费力气说话，宝宝自然乐得这样。这样一来，就妨碍了宝宝学说话的进程。

而有些爸爸妈妈恰恰相反，他们过分地关注孩子的说话，为了让宝宝学会说话，有时甚至用“逼”的方法。如宝宝想要某个东西，爸爸妈妈拿着这个东西来要挟宝宝，让宝宝“说”出来，宝宝说不出来或说得不对就不给。尤其是那些开口讲话比较晚的宝宝，爸爸妈妈更是心急如焚，恨不得一夜之间让宝宝“能说会道”起来，于是往往使出“逼话”这个撒手锏，威逼利诱，让宝宝讲话。殊不知，这样做会给宝宝带来压力，使他们对开口讲话有一种厌恶心理。宝宝怕自己表达不清楚招致爸爸妈妈的批评，就更难开口说话了。

还有些爸爸妈妈本身就沉默寡言，平时不爱说话，这对宝宝也是有很大影响的。父母是孩子的第一任老师，天天和孩子在一起生活，他们的一言一行都是从父母那里学来的。爸爸妈妈在照料孩子时只是默默地做，而不同孩子交流，这样孩子就少了许多学习说话的机会。

在一些语言环境过于复杂的家庭里，由于存在多种语种或方言，这种语言上的混乱也是导致宝宝不开口讲话的一个原因。如爷爷讲四川话，奶奶说湖南话，爸爸妈妈一会儿讲方言、一会儿讲普通话，对正处于学话期的宝宝来说，他们很难把声音符号和周围实物联系起来，最终导致宝宝对语言莫衷一是，不知如何开口讲话。

一般来说，1岁左右是宝宝理解语言能力迅速发展的阶段，此时的宝宝能懂的话大量增加。由于宝宝刚刚开始学说话，能说出的词语还不是很多，有的宝宝甚至会出现一个短暂的相对沉默期。本来还能与爸爸妈妈做简单语言的沟通，现在反而要用手势和动作来表达自己的意愿了。他非但不爱开口说话，甚至把原来一个人的时候发出来的自言自语也停止了。不要着急，宝宝这是在“养精蓄锐”，尽管他很少开口，却在用心听和学。

再过几个月，宝宝就会开口了，而且一旦开口，他说话的积极性就会日益高涨，词语大量增加，对句子的掌握能力也迅速提高，从此便一发而不可收。你会天天听到他说话的声音，甚至开始烦起他几乎一刻不停地问着“为什么”。

多给宝宝鼓励和语言刺激

宝宝不爱说话，爸爸妈妈是急不来的。想让宝宝早日开口，离不开爸爸妈妈平时的训练和培养。生活中，爸爸妈妈要为宝宝说话创造良好的气氛，多给宝宝一些语言刺激，通过不断的训练来激活宝宝的语言天赋。

宝宝“学”说话是从“听”说话开始的，他们只有听懂了、听熟了，才会运用得当，讲得流利。所以，妈妈可以在各种场所对宝宝说话，让宝宝多听，训练他的听觉灵敏度和对语言的理解能力。这些训练在日常生活中随时随地都可以进行，当领着宝宝出门时，看到小鸟，就指给他看，并告诉他那是小鸟，小鸟会飞，小鸟喜欢吃小虫子等。这时只要孩子注意看了、听了，就算达到目的了。在给宝宝穿衣服时，妈妈可以一边做，一边对宝宝说：“宝宝举举手，妈妈给宝宝穿衣服喽”。晚上临睡前给他讲童话故事，放一些儿童歌谣，让宝宝多听。通过一段时间“听”的积累，宝宝的语言会有一个质的飞跃，很快就能模仿着开口说出来了。

刚开始说话的宝宝往往还不会以正确的语音发音，大多讲的是“娃娃语”，尽管爸爸妈妈听不清楚，弄不懂，也要给予积极回应，鼓励宝宝说：“宝宝说得真好，再讲给妈妈听听好吗？”如宝宝指着睡觉的小猫说“咪咪”，妈妈可以接下去讲：“哦，宝宝是在告诉妈妈这是小猫咪，它在睡觉是吗？”宝宝就会高兴地笑了，妈妈听懂了自己的“娃娃语”。通过一问一答的方式，可以将话题继续下去，提高孩子讲话的兴趣。

那些经常见世面的宝宝，远比闷在家里的宝宝更乐意积极地学习说话，因为他见得多，自然就讲得多。爸爸妈妈要积极地给宝宝创造开口的机会，诱导宝宝开口说话，多带宝宝到外面走一走。在和孩子一起出游的过程中，带他广泛地认识各种事物，如带宝宝去公园游玩时，让他认识小鸟、红花、绿树、溪流、山石、游乐设施等。待宝宝都熟识了，可以引导地问："宝宝，小鸟在哪儿？""红花呢？""绿树呢？"他即使不开口说话，也会一一指给你看。等再次来游玩时，爸爸妈妈可以指着红花问他："宝宝，这是什么？"若宝宝讲得对，妈妈应立即给予鼓励和表扬。若宝宝讲不出来，也没关系，妈妈可以自己再说一遍，然后鼓励宝宝模仿。宝宝模仿多了，自然就能记在心里，也会说出来了。

当宝宝有了某种需求时，爸爸妈妈不要急于满足他，尽量鼓励宝宝开口表达。如当宝宝用手指着桌上的杯子时，妈妈知道宝宝要喝水，却不马上拿给他，而是鼓励宝宝"说"出来。当宝宝说出来后，妈妈再拿给宝宝，并亲亲他，夸他"说得真棒"，受到鼓励的宝宝自然就会对"说话"有了兴趣，以后会更多地使用语言来表达。

如果宝宝开口说话进展得较慢，爸爸妈妈也不必过分着急和担忧。语言的发展是一个积累和渐近的过程，只要爸爸妈妈多给宝宝良好的语言环境刺激，多和宝宝讲话，多给他说话的机会，终有一天，宝宝会打开话匣子，像百灵鸟一样，天天围着妈妈讲个不停。

宝宝变成“小暴力”

1岁宝宝也“暴力”

宝宝在河边玩沙土弄得满手是泥，然后向妈妈要吃的。妈妈让他把手洗干净了再吃，小家伙却嚷着饿，坚持要妈妈把吃的拿给他。妈妈拉住他的小手，边给他用河水洗手边批评宝宝，没想到宝宝却挥起小拳头打在妈妈的手上。妈妈愣了一下，没有想到平时很乖的宝宝竟然打人了。妈妈心里既委屈又生气，自己平时对他那么好，而宝宝洗手都不肯，还学会了打妈妈。

这是宝宝第一次打人，妈妈还是尽量和蔼地给他讲打人是不对的道理，希望他下次不要再这样了。宝宝似懂非懂地点着头，妈妈把吃的拿给他，母子间又恢复了平静。

可没过两天，宝宝又开始使用“暴力”了，来家串门的小表姐成了受害者。本来两个孩子在一起玩得好好的，小表姐很喜欢这个刚1岁的弟弟，处处让着他，小家伙也愿意追着小表姐玩。过了一会儿，突然传来小表姐的哭声，原来宝宝趁小表姐专心给洋娃娃梳头时，突然用拳头打在小表姐的后背上。

对于妈妈的严厉批评，宝宝不再吭声了，独自跑到一边安静地玩去了。

送走小表姐一家后，妈妈拉过宝宝问他为什么打小表姐，是小表姐惹他了吗？宝宝摇摇头，也说不明白缘由。

对于宝宝动手打人，妈妈开始担心起来，小家伙刚会走路，手脚甚至还不协调，就有了“暴力”行为，长大了还不成了“小霸王”？

这样的事情在别的宝宝身上也发生过，有的宝宝动手打妈妈，打完之后还哈哈大笑，觉得是件很好玩的事情。

宝宝的“暴力”有缘由

刚开始咿呀学语的1岁宝宝，居然开始挥起他的小拳头发动攻势了，这着实令爸爸妈妈头疼。其实，对于这个阶段的宝宝来说，他的“打人”还说不上是一种攻击性行为。宝宝打人的原因有很多。这时的宝宝迫切想要表达自己，可是由于刚学说话，无法和别人建立有效的沟通，不能表达清楚自己的想法，所以他们就会通过打人来发泄自己的不满情绪。

有时候宝宝打人是出于一种自卫，比如小朋友抢了他的玩具，或者抓了他的头发。“勇敢”的宝宝绝不会容忍自己被欺负，他会全力维护自己的利益，这只是一种本能。

宝宝到1岁左右的时候，手的功能分化有了突然的发展，手腕到上臂的支配能力有了很大的突破。“打人”使宝宝体验到前所未有的乐趣，他像突然之间学会了某种新的技能一样，很愿意使用并检验一下实际效果。他打了别的小朋友，有的小朋友会哭，有的小朋友会反击，有的小朋友去找妈妈。这时他动手打人，多半是尝试用自己的行为影响周围的事物。

宝宝在几个月时，就有了打人的“动机”，妈妈抱着宝宝嬉戏的时候，有时宝宝会无意识地拍打妈妈的脸，而且发出快乐的笑声。此时如果妈妈错误地引导和强化这个动作，夸他们长了本领，甚至亲宝宝的小手，宝宝就会觉得自己打人是一件快乐的事情，就此形成了习惯，使他认为打人是一种好玩的游戏。

另外，在宝宝的语言发育过程中，有一个阶段，他常会发出“哒、哒、哒”的类似“打”的发音，并且小手还做着拍打的动作。这个时候，如果爸爸妈妈对宝宝的动作做了错误的引导，就可能导致宝宝喜欢打人。

宝宝在心情不好的时候，也会选择自己的方式发泄不满情绪。如在他饿了、累了时，他的心情就会很糟糕，这时爸爸妈妈如果没有及时满足他，他就会大发脾气，甚至动手打妈妈。1岁左右的宝宝正是学习各项技能的时候，难免遭遇挫折和失败，这时他的心情肯定会变坏，于是宝宝“打人”的行为就很容易出现了。

用引导消除宝宝的“暴力”

尽管1岁宝宝的“暴力”还不是真正意义上的暴力，但宝宝越小，这种“打人”的表达模式就越容易固定，而且不容易纠正。因此，爸爸妈妈一定要在宝宝“暴力”行为之初，就对他的这种行为给予正确的引导，以免使宝宝养成动手打人的坏习惯。

1岁宝宝的打人，主要是在表达自己的一种情绪，是因为某种需求没有得到满足，而自己又无法说清楚才做出的无奈之举。所以，爸爸妈妈要及时应答宝宝，正确地去引导孩子，告诉宝宝，打人是不正确的表达方式，并教他学会用正确的言语或肢体语言去表达自己的内心想法。

对于1岁的宝宝来说，有时他打别人只是一种游戏，是一种引起成人注意的方法。当宝宝体现出要打人的趋势时，爸爸妈妈不妨寻找一件更有兴趣的事，转移一下宝宝的注意力。如把他抱起来去看窗外的小鸟，或给他一个他喜欢的玩具，这样就化解了宝宝打人的企图。

家有“暴力”宝宝，爸爸妈妈更要注意自己的态度。不要轻易训斥打人的宝宝，其实他并没意识到自己的行为是错误的，爸爸妈妈突如其来的训斥只会让他感到莫名其妙，不知道自己为什么挨批评。多给宝宝讲道理，一次不行，就两次，反复地给他讲道理，慢慢他就知道自己打人是不对的。最忌讳的是当宝宝打了别人，就让他也尝尝挨打的滋味，对1岁宝宝的惩罚也是白费力气，他还不能够把爸爸妈妈的做法和自己的行为联系到一起，还不知道它们之间的因果关系。这样做只会让他觉得自己受到了伤害，最终导致宝宝不再信任爸爸妈妈，在感情上与爸爸妈妈疏远。

在对待宝宝“打人”这一行为上，爸爸妈妈态度的前后一致性是非常重要的。不能说这次还无所谓，下次就对宝宝严加管教。这会使宝宝感到迷惑不解，辨不清楚真正的“对”与“错”。

为了给宝宝做个好榜样，家庭也要一团和气。爸爸妈妈不能因为一点儿小事争争吵吵，甚至大打出手，因为这在无形中给宝宝提供了一个“武力解决”的样板。在这样的家庭氛围中，宝宝也会变得脾气暴躁，成为爱吵闹打人的“小霸王”。

宝宝在成长的过程中，会遇到许多挫折，如走路、说话、独自吃饭等。为了避免和及时化解宝宝的不良情绪，要为宝宝提供一些温柔的、积极的安抚，以防止他因急躁和情绪不佳而做出“暴力”举动。如给宝宝洗一个舒服的温水浴，再加上一些他熟悉的玩具，这会使宝宝舒缓情绪，忘记之前的不愉快，对自己重拾信心。除此之外，在宝宝心情烦躁的时候，还要帮助他发泄一下自己的不良情绪，如给他一个枕头，让他随便处置，或者教他通过使劲跺脚来发泄自己的不满，也可以告诉宝宝到爸爸妈妈身边来寻求帮助。

1岁的宝宝需要花很长时间才能学会不打人，所以爸爸妈妈在引导孩子不打人的同时，还要培养自己的耐心，加强自己的幽默感。孩子在学会了正确的情感表达后，就会慢慢“忘掉”攻击他人的行为，转为与人友好相处了。

小小婴儿也“吃醋”

打翻了宝宝的“醋坛子”

1岁的小宝宝也会产生嫉妒心理吗？很多人认为不可能，但“嫉妒”作为一种心理活动，的确产生得很早，甚至在宝宝几个月时就已经产生了。

在小区的沙坑前，妈妈看着10个月的宝宝玩沙土，小家伙玩得可高兴了，他跪在沙堆上用两只小手掏沙窝，用小铲子往桶里铲沙土。这时，邻居抱着7个月大的孩子走了过来。妈妈同邻居打了招呼，手摸着人家孩子的头顶夸道：“小宝贝儿，越来越漂亮了。”然后顺势把他抱了过来。

这一抱可就抱出事儿了，自家的宝宝不干了，他扔掉手中的小铲子，扬起小脸也要妈妈抱。

妈妈蹲下来，把两个孩子都抱在怀里，还鼓励他们互相友好一下。宝宝使劲儿地往外推邻居家的宝宝，双手搂住妈妈的脖颈，嘴里说着自己的小名：“宝宝，宝宝。”他是在告诉妈妈，这是“我”的妈妈，不是别人的妈妈。这使得妈妈很不好意思，对邻居尴尬地说：“这孩子就爱‘吃醋’。”

邻居见状，赶紧把自己的孩子接过来，她也带着无奈的表情说：“小孩子都这样，我家宝宝也是个‘醋坛子’。”

宝宝“吃醋”与道德品质无关

小宝宝的“吃醋”，其实就是嫉妒心的最初萌芽。一般认为，宝宝2岁以后才会出现嫉妒心理。其实，4～5个月的宝宝就已经知道嫉妒了，只不过此时的他们的表现还不是特别明显，表现方式也比较单一，大多是以“对失去所爱之人的害怕”来体现的。

宝宝的这种“吃醋”心理与人际沟通有关，是感觉到某人的出现威胁到自己与亲人关系后所作出的反应。这是一种渴望爱、渴望关怀的举动，宝宝需要通过这样的方式寻求安全感。1岁宝宝的“吃醋”与“道德品质”无关，他只是希望得到原本只属于他的关注。

宝宝从出生到1岁，他整天接触的人是有限的，家里人对他的关爱，使宝宝获得了安全感。小小的他也知道维护自己的“既得利益”，那就是被爱、被关注。当别的宝宝出现时，他会用审视的心态来观察，他的眼睛总是看来看去。只要自己的亲人做出与别的宝宝亲热之举，就会觉得自己被冷落了，他怕自己失去亲人的爱，害怕自己不再受到关注。所以，他开始出动了，用哭闹、推人、要求大人抱等方式来维护自己的“利益”，有的甚至会为此“大打出手”，以期引起大人们的注意。宝宝的这种心理是可以理解的，一个1岁的小人，他没有那么多的心眼儿，还不会客观地进行分析，他眼前看到的就是结果——妈妈被别人抢走，于是他也就直接采取行动了。

不要忽视宝宝的这种小心思，如果处理不当，极有可能引发孩子不安、烦恼、痛苦的嫉妒心理。而一旦嫉妒心膨胀起来，孩子就会出现愤怒、闷闷不乐的抑郁情绪，甚至会产生对抗、争斗或侵略性的“武力”。所以，当宝宝“吃醋”时，一定要安抚宝宝，让他明白，爸爸妈妈是疼爱他的，要用智慧和耐心，从平息他的嫉妒心开始，引导他们健康地把握自己的情绪和欲望。

给“醋宝宝”更多爱和关注

对于宝宝的这种嫉妒心理，爸爸妈妈首先要给予充分的理解，宝宝是善良可爱的，他们在真实地表达着自己的天性和愿望，只是他们还太小，还没有学会如何正确表达自己心中的想法。当宝宝出现嫉妒行为时，爸爸妈妈不妨反思一下，是不是自己的举动给宝宝带来了不安，令他感到爸爸妈妈与自己有了距离感，不再爱他了。在这个时候，给予孩子充分的爱是绝对必要的。当宝宝因嫉妒无法释怀的时候，要无条件地接受他的负面情绪，理解和接受他们内心的愿望和不悦，让他们感受到自己没有被忽略，时刻拥有最温暖的爱和关注。

在生活当中，孩子要经风雨见世面，总是要和他人接触的，特别是同龄宝宝间的交往更是必不可少的。爸爸妈妈要处理好与两个孩子的亲疏关系，不要同别的宝宝过于亲密。最好像导演一样，鼓励两个宝宝相互交往，当宝宝沉浸于游戏的快乐中时，就不会太在意你对谁亲近了。

1岁的宝宝毕竟还小，他们不会长时间为一件事情而苦恼。当宝宝有了嫉妒现象时，可以想办法转移他的视线，引领宝宝到另一个有趣的环境中寻找乐趣。如带宝宝去看落在树上的小鸟，和他亲热地一起玩小游戏，宝宝很快就会沉浸在另一份快乐中而忘却刚才的痛苦。

当宝宝表现出强烈的嫉妒心时，爸爸妈妈最好不要严加批评、指责或冷嘲热讽，这会使宝宝丧失自尊心，觉得自己真的不重要了。而是应佯装漫不经心地对宝宝微笑着说：“原来宝宝也想让妈妈抱啊！你要好好说，妈妈才会知道啊！”妈妈的轻松微笑可以有效地控制和缓解宝宝的愤怒和嫉妒心，强烈的情绪也会渐渐隐退。

大度源于自信，自信的宝宝很少表现出嫉妒的心态，因为他知道爸爸妈妈对自己是绝对的爱。1岁宝宝的自信心主要来自爸爸妈妈的爱、赞美和理解，这是克服宝宝嫉妒的良方。当宝宝表现出接纳别的宝宝时，爸爸妈妈要由衷地给予肯定和赞美，让宝宝的内心充满十足的安全感、满足感和快乐感。这种积极的心态，可以帮助宝宝平息心中的嫉妒之火。

总之，爸爸妈妈要正视宝宝的嫉妒心理，理解并接受他们内心的不悦，尽可能多地给宝宝关注和爱抚，让他们感受到来自爸爸妈妈永远的爱和温暖。如此，才能使宝宝获得安全感，从而减弱他在与人交往中的嫉妒心理。

超爱翻箱倒柜

翻箱倒柜的小捣蛋

自从宝宝能够到处走来走去后，他就没有一刻能闲下来，两只小手总是这里摸摸，那里抠抠。最令妈妈烦恼的是他超级喜爱“翻箱倒柜”，一天内不知将家里的橱子、柜子、抽屉翻了多少遍，并不厌其烦地把里面的东西一件件拿出来，然后丢下，弄得一片狼藉，又抛开鼓捣别的东西去了。

家中的鞋柜一般比较低，1岁大的宝宝伸手就能够到最上的一层，爱翻箱倒柜的宝宝几乎每天都要把鞋柜翻腾一遍，有时候甚至是数遍。妈妈准备出门，从房间里换好衣服，来到鞋柜前，结果里面一双鞋也没有了，都被宝宝转移到茶几上“展览”去了，活脱脱一个皮鞋“博览会”。小小的人还挺能干，把鞋子从大到小按顺序排列，妈妈的高跟皮靴排在头一个，像一只长颈鹿显得特别的突兀。妈妈好说歹说，宝宝才允许妈妈穿上靴子。

家中的抽屉也是宝宝颇为心宜的对象，他不仅把里面的东西扔得到处都是，还喜欢把东西集中起来，然后一下子掀翻，体验那份“物体自由降落”的畅快感。当他玩完后，善后问题只有妈妈来做了，宝宝从来不管收拾工作。所以，每次见他步履蹒跚地向鞋柜或橱子走去时，妈妈总是抢先去把柜门按住，于是展开了一场亲子拉锯战。

宝宝如此爱翻箱倒柜，令妈妈十分头疼，他天天如此，乐此不疲，搞得大人头昏脑涨。妈妈本来就有干不完的家务，经他这一阵折腾，不知多付出多少汗水。

充满魔力的潘多拉宝盒

宝宝1岁时变得更加淘气，因为比起前几个月，他又增长了许多新的本领。他的活动能力、动手能力、身体的协调能力，以及手眼的协调性等，都获得了很大提高。随着身体的不断发育和认知水平的提高，他们探索世界的欲望变得越来越强烈。

此时的宝宝对于那些具有空间的东西非常感兴趣，那些能装物品的柜子、橱子、抽屉，甚至是妈妈每天倒垃圾的垃圾桶，都对宝宝充满了无限诱惑力。他们经常看到爸爸妈妈开橱子，拉抽屉，从里面拿出有用的东西，好奇的他自然也想看看里面到底是什么样的，有什么东西。于是他会爬上爬下地去探索这些神秘的领地，以满足自己日益增长的好奇心。

这些神奇的“盒子”就像一个充满魔力的潘多拉宝盒，的确令宝宝大开眼界。里面总是有各式各样他所没有见过的东西，有时还有宝宝最喜欢的玩具和食物，就像一个百宝箱。宝宝之所以每天热衷于翻箱倒柜，是觉得每天都会有新的发现，新的惊喜。其实，即使这些物品宝宝已经见过、玩过一百遍，他也仍然会乐此不疲地每天重复这种翻箱倒柜的“劳动”，因为宝宝更重视的是能带给他快乐的这个过程。

宝宝爱“翻箱倒柜”虽然给爸爸妈妈带来些麻烦，但是他却收获了许多。在一次次的爬高、上低、推拉、翻找的过程中，不仅满足了他的好奇心，使他认识和熟悉了许多物品，还锻炼了宝宝肢体的协调能力和动手能力，且分析判断能力也得到了很好的发展。宝宝爱“翻箱倒柜”，是求知欲驱使下的一种行为。在他们的心里，没有一点儿给人添乱的想法。因此爸爸妈妈要宽容宝宝的淘气和捣乱，即使对宝宝这种行为表示不满，也要克制，以保护好宝宝的求知欲望。

给孩子探索的自由和空间

家有爱“翻箱倒柜”的小宝宝，爸爸妈妈不要为此而苦恼，宝宝这种强烈的探索欲望是十分可贵的，是宝宝发育过程中的天性使然。如果爸爸妈妈能巧妙处理、适当引导，满足宝宝的好奇心，保护好宝宝勇于探索、乐于求知的天性，宝宝长大后的创造能力将会有更好的发展。而如果被强行剥夺了这种探索的乐趣，会影响宝宝以后的求知欲，甚至让宝宝失去学习新事物的兴趣。所以，爸爸妈妈不要因怕宝宝把家里搞乱而限制和制止宝宝的这一行为，翻乱了可以再收拾，而孩子的好奇心和探索兴趣丢失了，却是再也找不回来的。

宝宝不是爱翻箱倒柜吗？干脆把家里的柜子橱子给他当成玩具，专门为宝宝找出几个柜子或抽屉供他来翻找。可以将宝宝的玩具和图书放入其中，方便他自己去发现和拿放。也可以在衣柜中专门给宝宝一个抽屉放睡衣，睡前让宝宝自己把衣服拿出来，这样既锻炼了宝宝的动手能力，也满足了宝宝的好奇心。或者每天给宝宝的抽屉或柜子里放点儿新东西，这样不仅能给宝宝带来小惊喜，还可以让他学会认知更多的物品。爸爸妈妈不要怕麻烦，宝宝的成长是有阶段性的，等他过了这个时期，让他去翻腾他也没有了兴致。

爸爸妈妈不愿让宝宝“翻箱倒柜”，除了怕宝宝把家里搞乱外，还有一个重要因素是怕宝宝遇到危险，或怕他损坏贵重的物品。聪明的爸爸妈妈不会因为这个原因而强行抢下宝宝手里的东西，然后要求宝宝“不许动这个，不许碰那个”。这是因噎废食的办法，应给宝宝提供一个安全的探索环境，让宝宝自由地进行他的探索之旅。

宝宝乱翻东西，肯定有潜在的危险，如被掉下来的抽屉砸到脚，被门缝卡住或夹了手，被剪刀、改锥戳伤等。为此，爸爸妈妈要做好安全保护工作。孩子经常翻动的地方，不要放易碎、有锐利的物品。蹲下身来，以宝宝的视角观察家里的每一个角落，看看宝宝能翻到什么？哪些不能翻？哪些可以翻？把家里的贵重物品、危险物品存放到宝宝够不到的地方，或给不让宝宝翻腾的橱子或抽屉加把锁。只要将宝宝可能碰到的危险消除，给宝宝创设一个安全的探索环境，就大可放心地让他放手去做。

除了安全隐患要排除外，卫生状况也要注意到。如经常清理擦拭抽屉、柜子等的边边角角，把灰尘处理掉，宝宝玩完后要及时督促他去洗手等。

孩子的本事都是从动手动脚中获得的，家有超级爱翻箱倒柜的小捣蛋，说明他是一个喜欢动手的“小聪明”。所以，给孩子探索的自由和空间，让他自己去探索吧。

CHAPTER 07

以感官为主的练习性游戏——1岁孩子玩的益智游戏

1岁幼儿的学习都是从游戏中获得的，游戏是他们的课堂，也是他们的生活。不过，1岁幼儿的思维特点决定了他们只对那些以感官为主的不断重复的练习性游戏产生兴趣，其他的游戏，即使非常有趣，他们还是没有兴趣。

走来走去游戏

宝宝1岁，走路的敏感期到了

宝宝从出生到1岁，大动作能力变化是最快的。他们从笨拙的被动运动，一下子发展到能独自行走了。爸爸妈妈和宝宝都十分惊喜于这种变化，因为这使他们的生活发生了根本性转变。

1岁的宝宝刚开始学会走路，最热衷于到处走来走去，他们由过去羡慕别人走路，到现在终于自己也可以自由行动了，那份欣喜是不言而喻的。孩子一旦学会了自己走路后，他的世界就发生了变化。他的活动不再必须依赖于成人，同时他的活动范围也迅速扩大。此时，当孩子看到一个喜欢的东西时，他不再需要他人的帮助，而是自己走过去拿。这对孩子来讲，是一个很大的突破，意味着生活开始由他自己支配。所以说，孩子不仅是为了学习走而走，更是为了建立自己的存在感而走。

1岁是行走的敏感期，爸爸妈妈可以利用宝宝喜欢走路的契机，引导宝宝练习走路，往前走、后退、侧身走，在各种质地不同的路面上行走等，以帮助他们掌握这一重要的技能。千万不要因为怕宝宝摔倒、磕碰着，而剥夺了他学习行走的权力，如果宝宝不能按照自己的步伐和节奏去活动、去探索，就失去了通过自己的努力获得成长的机会，也阻止了孩子靠自己的努力走向独立的脚步。

走来走去游戏，可以提高宝宝走路的兴趣，为了让宝宝尽快学会走路，能够快乐地行走，爸爸妈妈可以采取一些充满趣味的游戏来调动宝宝的积极性，这样会让训练的效果更好。在宝宝学习行走的同时，爸爸妈妈还要帮助宝宝增强行走的平衡能力，如和宝宝一起玩扔球、捡球、找东西的游戏，训练宝宝独自在地上玩、独自蹲下捡拾东西、独自站起并稳步地行走等。

在宝宝学习行走的道路上，爸爸妈妈不仅要给宝宝加油、鼓劲，也要在宝宝笨拙地努力时扶一把、拉一下，这都是宝宝成长的助推力。它会让宝宝感到有爸爸妈妈参与的运动不再孤独，充满快乐。

一二一，向前走

游戏目标：训练幼儿跨步走的能力，帮助幼儿体会走路的动作感觉，激发宝宝对走路的兴趣。

游戏玩法：妈妈和宝宝面对面站好，让宝宝的小脚踩在妈妈的大脚上，妈妈用双手拉着宝宝的手。妈妈边念口令“一二一，向前走”，边带动宝宝向前迈步。一开始走的速度可以略慢，尽可能走得平稳些，待走熟练后，可以进行障碍走，如绕过椅子、低头过橡皮筋等。

扶物行走

游戏目标：促进大动作能力发展，锻炼幼儿的行走能力。

游戏玩法：让宝宝站在小床的一端，双手扶着床栏杆站好，妈妈站在小床的另一端，用玩具吸引宝宝说：“走过来，宝宝。”他会扶着床栏杆横着迈步。或沿着一面墙摆一排椅子，将宝宝喜欢的玩具放到最远的那把椅子上，让宝宝扶着椅子，慢慢走到放玩具的椅子旁。待他拿到玩具后，给他一个大大的拥抱，再把另一个玩具放到另一端的椅子上，让宝宝再走回去。只要宝宝有兴趣，这个游戏就可以一直玩下去，直到宝宝厌倦为止。

蹲下，站起

游戏目标：锻炼幼儿腰部、腿部肌肉的力量与弹性，促进身体动作的协调性，为宝宝学会或更好地行走打下良好的基础。

游戏玩法：准备一段节奏感略强的音乐。妈妈拉着宝宝的手，配合着音乐的节奏一起做蹲下、站起的游戏。蹲下去时要尽量拉着宝宝的手碰触到地面，站起来时尽量把宝宝的手拉高。妈妈一边拉着宝宝的手做动作，一边配合动作的节奏说“蹲下，站起”。

大手拉小手

游戏目标：锻炼幼儿腿部肌肉的力量，促进行走能力的发展。

游戏玩法：妈妈和宝宝面对面站好，双手拉着宝宝的手，边说“来，宝宝，向前走”，边慢慢向后倒退，让宝宝跟着妈妈的步伐一步一步向前迈。刚开始训练时，让宝宝迈3～5步就休息一下，逐渐练习，达到8～10步。也可以由爸爸妈妈站在宝宝的两边，各握住宝宝的一只手，或让宝宝用手抓住爸爸妈妈的一个手指，牵着宝宝慢慢朝前走，好像全家散步一般。

温暖的怀抱

游戏目标：训练幼儿身体的协调性与灵活性，锻炼行走能力。

游戏玩法：爸爸和妈妈各蹲一边，相距几步远，伸开双手，让宝宝在爸爸妈妈的怀抱中学习行走。宝宝先从妈妈这边走出，爸爸在另一边呼唤宝宝的名字。然后让宝宝独自向爸爸走几步，扑向爸爸的怀抱，不要忘了给宝宝一个大大的亲吻和拥抱哦！宝宝再从爸爸这边出发，向妈妈的怀抱走去。这样来回往返，让宝宝成功脱离手牵手的学步方式，勇敢迈出独自行走的第一步。爸爸妈妈别忘了及时给予鼓励，用爱的怀抱去温暖努力学步的宝宝。

抱玩具走步

游戏目标：锻炼幼儿下肢肌肉的力量，克服胆小，让幼儿学会走路。

游戏玩法：让宝宝抱着玩具往前走，然后把玩具交给妈妈。为了让宝宝练习多走几步，妈妈看到宝宝过来时，可以后退几步。如果宝宝走得不稳，妈妈就赶紧上前接住玩具。由于宝宝刚开始学走路时胆小害怕，总想拉住妈妈的手或抓住什么东西，所以，让宝宝抱着玩具会使他有安全感。

推小车游戏

游戏目标：锻炼幼儿下肢肌肉的力量，发展其行走动作，促进身体动作的协调性。

游戏玩法：选择一个较为广阔的地方，把各种玩具放在手推车里，让宝宝推着和他身高相适的手推车玩。对于那些还没有学会走路，但对走路充满兴趣的宝宝来说，这是他们很乐意玩的游戏，不妨让宝宝高兴地推着小车玩个够。等宝宝走累了，让他坐下来玩他的玩具，直到宝宝再有兴趣玩推小车的游戏。

拖拉玩具

游戏目标：锻炼幼儿的行走能力，促进身体的协调性发展。

游戏玩法：选择较宽敞、平整的场地。妈妈牵引着宝宝喜欢的会发出响声的拖拉玩具，边走边对宝宝说：“宝宝，快来追小鸭子！”宝宝一定会高兴地在后面追着玩具走。待宝宝走熟练后，让宝宝拖着玩具在前面走，妈妈在后面追。妈妈拖拉玩具时，要注意走路的速度，可以故意停顿一下，让宝宝追上玩具，以增加宝宝游戏的兴趣。

美丽的泡泡

游戏目标：锻炼幼儿手眼协调能力，以及身体的平衡能力，促进幼儿敢于大胆行走。

游戏玩法：让宝宝站在椅子或者桌子旁边，妈妈用肥皂水吹泡泡。看到像变魔术一样的满天飞舞的肥皂泡，宝宝充满好奇，一定会高兴地用手去抓。这样一来，他会不自觉地松开手，甚至忘了害怕而朝前迈步。玩完这个游戏后，要给宝宝擦干净手，以免他用沾满肥皂沫的手去揉眼睛。

火车，火车，开开开

游戏目标：锻炼幼儿下肢肌肉的力量，促进其行走能力的发展，同时增进父母和宝宝之间的情感。

游戏玩法：选择一个宽阔的场地。爸爸站在前面做“车头”，宝宝站在爸爸身后，拉着爸爸的衣服，做“司机”。然后由“车头”领着走，一边走一边带着宝宝学火车“呜呜”地叫。妈妈用纸板做两个牌子，上面分别写着“红灯”“绿灯”，在一旁指挥交通。当妈妈举起“红灯”，“火车”停止；妈妈举起“绿灯”，“火车”开始往前走。看，快乐的亲子列车出发喽！

踢罐游戏

游戏目标：锻炼幼儿下肢肌肉的力量和身体的协调性，还可以提高保持身体平衡的能力。

游戏玩法：找个空易拉罐，在里面放上几颗小石子或豆子，然后用胶带把罐口封好。爸爸妈妈一人拉宝宝的一只手，让宝宝踢着玩。易拉罐滚动时发出的响声，会让宝宝感到很好奇，于是宝宝会非常高兴地踢着它向前走。让宝宝用一只脚支撑身体，另一只脚去踢东西，同时保持身体平衡，这对宝宝来说并不容易。爸爸妈妈可以先扶着宝宝站立的脚，帮助宝宝保持平衡，然后慢慢过渡到拉着宝宝的手，最后进展到让宝宝自己边走边踢。

倒退走

游戏目标：锻炼幼儿的本体感觉和身体的协调能力，促进智力开发。

游戏玩法：当宝宝学会了向前走后，可以把拖拉玩具放在宝宝前面，让宝宝拖着它向后走。倒退着走要凭感觉，如脚着地时能感到地面是否平整，双手可感到两边有无障碍。学会倒退着走路后，会使宝宝感到向前走十分轻松自如。做这个游戏时，一定要注意宝宝的安全，选择地面平整的场地，看护好宝宝。

绕障碍物行走

游戏目标：训练幼儿腿部肌肉和身体的平衡能力，促进眼和脚的协调性发展。

游戏玩法：在地上放置几个不同的障碍物，如玩具、小塑料桶等，让宝宝学会绕过或跨过障碍物行走。这对学步期的宝宝来说，可不是一件简单的事。由于行走方向不断变化，要玩好这个游戏，宝宝要学会掌握好身体的平衡。

妈妈可以先牵着宝宝的手走，等他掌握技巧后，再让他自己走，但要在宝宝身边保护着他。

动作练习性游戏

动即快乐，1岁幼儿的游戏原则

对于1岁的幼儿来说，由于他们的各种能力还十分有限，动作练习性游戏是他们的最爱，也是最适合这个阶段宝宝来玩的游戏。

1岁幼儿的身心发展都处于萌芽起步阶段，这个世界在他们眼中是新鲜而陌生的，他们需要利用一切机会去探索周围世界中的每一件新事物，去体验刚学会的每一个新动作，在探索和体验中认识世界、发展自我。对于这个时期的孩子来说，探索周围世界的主要手段是感知和动作，于是就表现出了“动即快乐”的游戏原则，他们喜欢用手摆弄玩具，也常常把玩具放在嘴里通过吸吮来游戏，一个玩具就能把玩很久，重复玩耍仍感到津津有味。

练习性游戏是幼儿发展过程中最早出现的游戏形式，游戏由简单的重复动作组成，具体表现为幼儿反复重复某一个动作，如不断地抓、摸、拿等。幼儿之所以不厌其烦地单纯重复某种活动或动作，其动力来源于他们的感觉或运动器官在使用过程中所获得的愉快体验。对孩子来说，这不仅是在游戏，还是感知动作的训练。在游戏过程中，幼儿喜欢运用多种感官去探索、去练习。

玩具是孩子的天使，对于1岁的幼儿来说，他们不断进行的练习性游戏，更是离不开能促进他们感知发展和带来快乐的玩具。适合用于练习性游戏的玩具有很多，能发声的、色彩鲜艳的、会动的及塑胶类动物玩具等都很受1岁宝宝的欢迎。由于宝宝小，动作还不是很精细，所以一定要注意玩具的安全性，玩具不能太硬、太重，玩具的表面要光滑，以免孩子弄伤自己，且体积也不能太小，以免孩子误吞。

练习性游戏给宝宝带来快乐的典型特征就是重复性，有时爸爸妈妈会感觉很烦，所以，当孩子不停地重复同一个问题或者同一个动作时，爸爸妈妈一定要理解孩子的游戏心理，不要责怪和训斥孩子，要用爱心和耐心支持幼儿的游戏。

抓握玩具

游戏目标：练习抓握玩具，可以促进幼儿手眼协调能力的发展及大脑发育。

游戏玩法：这个游戏适合月龄稍小的宝宝玩耍。妈妈拿一个彩球或能发出响声的玩具在宝宝眼前晃动，让宝宝自然伸手抓取。当宝宝成功抓到时，不要马上放开，让他体会一下抓握的感觉，并反复进行这个游戏。当宝宝挥动自己的小手去抓取玩具时，不要忘记用亲吻给予宝宝鼓励和赞美哦!

宝宝的小铃呢

游戏目标：通过小铃的逗引，来提高幼儿对声音的敏感性，刺激幼儿的听力，从而促进其大脑更好地发育和完善。

游戏玩法：妈妈在宝宝眼前摇动小铃，让宝宝先认识一下，然后在宝宝头部的一侧摇铃，边摇边说：“宝宝的小铃呢？”让宝宝转过头来寻找声源。待宝宝找到后，让他摸摸小铃，表扬宝宝“真能干”，并亲亲宝宝、抚摸宝宝，以示鼓励。然后继续进行游戏，你可以不断地调整小铃的位置，逗引宝宝从不同的方向寻找小铃。

撕扯艺术家

游戏目标：通过撕纸，可以锻炼幼儿手指的灵活性及手眼协调能力，开发宝宝的智力。

游戏玩法：妈妈拿出一些花花绿绿的彩色纸来逗引宝宝，先向宝宝演示一下撕纸的动作。如果宝宝情绪愉快，有抓捏纸张的愿望，就给宝宝一张纸，让宝宝随便玩。根据宝宝的兴趣，帮助宝宝用双手撕扯纸张。拉扯纸张的清脆声响，还会让宝宝感受制造声音的快乐，说不定能撕出个艺术家来呢！

我是小鼓手

游戏目标：通过敲击，可以锻炼幼儿手的抓握能力、手的灵活性及手眼协调性。同时，这些原始的、生活化的音乐器具，还可以累积宝宝的音乐经验，丰富宝宝的心灵。

游戏玩法：让宝宝坐在地板上，给宝宝一根小木棒或汤匙，或者其他可以用来敲击的东西。先给宝宝做示范，教他如何用手中的东西进行敲击。让宝宝敲击不同的物品，如金属锅、玻璃杯、塑料碗、小石头，甚至报纸，组成一个自己的敲击乐队。爸爸妈妈也可以加入宝宝的乐队中，这样宝宝的兴致会更高。给宝宝提供发声物品时，要避免那些又小又硬的物品，以免被宝宝吞食或割伤宝宝。

拣豆豆

游戏目标：锻炼幼儿的手指灵活性，促进精细动作的发展。

游戏玩法：让宝宝坐在地板上或床上，铺一块干净的塑料布。把一些冷却后的熟豌豆倒在宝宝面前，让他随意挑拣豌豆，并允许他把豌豆放进嘴里。也可以用切好的水果片取代豌豆，但是要切得小些，以免宝宝被噎住。做这个游戏时，妈妈要陪在宝宝身边，以防他一次把过多的豌豆放进嘴里，这可是万万不行的。

丢丢捡捡

游戏目标：锻炼幼儿的手眼协调能力，引起他的探索兴趣。

游戏玩法：宝宝热衷于把东西从桌子上一样一样地扔到地板上，说不定宝宝正在探索“地球引力”的奥秘呢！爸爸妈妈不要着急也不要恼怒，只需坚持不懈地帮助他捡起来，让他继续进行他的“探索之旅”。或者干脆给他几个乒乓球，并在他的桌子下放一个小筐，让他练习瞄准，发射！

滚球

游戏目标：锻炼幼儿上肢肌肉的力量，促进精细动作的发展，并且可以愉悦情绪，增近亲子感情。

游戏玩法：妈妈和宝宝一起面对面坐在地板上，相距一定的距离。首先，妈妈把球滚给宝宝，宝宝拿到球后，可能会拿在手上玩，这时要提醒宝宝把球放在地上滚过去。如果宝宝还没有学会，也可以拉着他的手，告诉他怎样把球滚出去。宝宝会觉得很有趣，只要稍加鼓励，他就会很快学会将球滚过去。全家人一起做这个游戏，宝宝的兴致会更高。

摇晃挤压玩具

游戏目标：训练幼儿精细的动作，促进听觉发育，满足宝宝的好奇心，使幼儿智力得以开发。

游戏玩法：准备一些在摇晃或挤压时能发出响声的玩具，如可发出声响的塑料充气玩具、压力球，以及装有谷粒或大米的调味品罐。宝宝很喜欢可以摇晃和挤压的玩具，因为它们发出的声音明显不同，宝宝会很乐意探究其中的差别。不妨满足他的好奇心，让宝宝愉快地进行他的探索之旅。游戏时要确保所有的盖子都拧得很紧，以免宝宝吞下容器内的物品。

自己打开瓶盖

游戏目标：培养幼儿手的灵活性，促进其空间知觉的发展。

游戏玩法：妈妈把一个带盖的塑料瓶放在宝宝面前，先给宝宝示范打开瓶盖、再合上盖子的动作。然后教给宝宝，让他练习只用拇指和食指将瓶盖打开，而后再合上，如此反复练习。当宝宝做对了，一定要给予及时的鼓励和赞扬。

送幸运星回家

游戏目标：锻炼幼儿的手眼协调能力，促进精细动作的发展。

游戏玩法：妈妈把幸运星倒在桌子上，对宝宝说："幸运星宝宝要回家了，我们一起把他们送回去吧！"然后和宝宝一起把幸运星捡回瓶中。宝宝每放入一颗幸运星，妈妈都要给予鼓励。捡完后，可以对宝宝说："听，幸运星在说，谢谢宝宝把他们送回家呢！"刚开始宝宝捡幸运星时，可能会弯曲所有的手指，经常和宝宝做这个游戏，宝宝就能学会用拇指和食指对捏的方式把幸运星捡回瓶内。

我是小球星

游戏目标：锻炼幼儿下肢肌肉的力量及腿的协调能力。

游戏玩法：让宝宝背靠墙站立，在他前面约30cm处悬挂一个小皮球，球离地高度大约20cm。妈妈先给宝宝做示范，用脚踢球，然后对宝宝说："宝宝，来踢球！"如踢中了，就表扬宝宝："真棒，再来一次！"如果没有踢中，鼓励宝宝再接着踢，让宝宝反复练习，还要教会宝宝从不同的方向踢球。

上下楼梯

游戏目标：促进幼儿大动作能力的发展，增强身体平衡能力及协调性。

游戏玩法：学会了走路的宝宝，对上下楼梯充满了兴趣。楼梯是一个能带给宝宝快乐，也能提供给孩子练习大动作的地方。刚开始学上楼梯时，妈妈牵着宝宝的一只手，宝宝的另一只手扶着楼梯的扶栏，让他蹬上一级后另一只脚也踏上同一级台阶，待宝宝站稳后，再迈上另一级台阶。教宝宝下楼梯时，妈妈在下面双手扶着宝宝，让他先下一级，两脚站稳后再向下迈一级，每一级都要双脚站稳后才能再向下迈步。和宝宝玩上下楼梯游戏，家长一定要特别有耐心，切不可怕麻烦，而不给宝宝锻炼的机会。

1岁幼儿手指操

手指操，让宝宝愉悦又健脑

宝宝的小手发展得比较早，刚出生就能攥着小拳头舞动，当妈妈把手指挨到宝宝的手心时，他就会使劲儿地抓牢。他们最早的游戏就是玩手，喜欢把小手放到嘴里吃，还能用手搬起自己的小脚丫放到嘴里品尝。

宝宝玩手不只是自娱自乐，也是在无形中锻炼精细动作的发展，心理学家认为手指是“智慧的前哨”，只有“手巧”才能真正“心灵”。这是有一定科学道理的，训练宝宝的手，等于给孩子做“大脑体操”。因为大脑有许多细胞专门处理手指、手心、手背、腕关节的感觉和运动信息，所以手的动作，特别是手指的动作，越复杂、越精巧、越娴熟，就越能在大脑皮层建立越多的神经联系，从而使大脑变得更聪明。因此，训练宝宝手的技能，对于开发智力十分重要。

手指操是一项非常有意思的活动，因此这样“有趣”的训练方式，比较受孩子们的喜爱。1岁的小宝宝注意力还很难集中，那些需要专注力较强的游戏，他们还不太容易接受和适应。而一些简单的手指操，如用手指比比小动物，简单地数数字，时不时再拍拍手，会使小家伙高兴地笑个不停。在孩子活动小手的时间，还令他们增长了见识，同时也锻炼了注意力。

手指操是训练宝宝手指动作发展最便捷的游戏之一，它取材于宝宝周围的生活，内容浅显易懂，情节稚趣活泼。拿拿、捏捏、拍拍、抓抓等动作，可以锻炼宝宝手指关节的控制能力。爸爸妈妈与宝宝一起念、听、玩、操作的互动令宝宝十分投入，这使他的视觉、听觉、触觉、语言等功能都充分地调动起来，对身心发展起到了极大的促进作用。几个月的小宝宝，就可以和爸爸妈妈一起做手指操了，当然，这时的宝宝还需要爸爸妈妈的帮助。爸爸妈妈可拿着宝宝的小手，被动地教他做，但这足以令他感到愉悦。1岁左右的宝宝，可以和妈妈一起来分享手指操的乐趣了。

五指歌

游戏目标：训练幼儿手指动作，促进精细动作的发展，开发幼儿智力。

游戏玩法：老大有力气（让宝宝伸出大拇指）；老二有主意（让宝宝伸出食指，指一指太阳穴）；老三个最高（伸出中指，向上高高举起）；老四有志气（伸出无名指）；老五最小，是个小弟弟（伸出小拇指）；五个兄弟在一起，团结起来力无比！（让宝宝将五指攥成拳头）。

手指谣

游戏目标：锻炼幼儿手指活动能力，促进幼儿言语能力及想象力的发展。

游戏玩法：一根手指头，变成变成毛毛虫（伸出食指做蠕动状）；两根手指头，变成变成小白兔（伸出双手的食指和中指，放在头上当成小白兔的耳朵）；三根手指头，变成变成小花猫（伸出双手的食指、中指和无名指，放在嘴巴两侧当作小花猫的胡子）；四根手指头，变成变成螃蟹走

（将双手大拇指弯曲，其余四指伸展放于身体两侧，学螃蟹摇摇摆摆地横着走路）；五根手指头，变成变成蝴蝶飞（伸展五指，双臂作蝴蝶上下纷飞状）。

咯吱一下

游戏目标：让幼儿学会认知自己的手指和五官，培养幼儿良好的情绪。

游戏玩法：大拇哥，二拇弟，中鼓楼，四兄弟，小妞妞（拿着宝宝的小手，从大拇指开始，边依次点着他的手指头边说）；爬呀爬呀爬上山（妈妈食指从宝宝的胳膊一步步点到肩膀）；耳朵听听（捏捏宝宝的耳朵）；眼睛看看（用食指点点宝宝的眼睛）；鼻子闻闻（点点宝宝的鼻子）；嘴巴尝尝（点点宝宝的嘴巴）；咯吱一下（妈妈稍作停顿，突然把手伸到宝宝的脖颈处，咯吱宝宝一下。这个动作最让宝宝开心，每次他都会十分惊喜地等着这一刻）。

木桶与毛毛虫

游戏目标：促进幼儿手指动作的发展，愉悦身心，开发幼儿智力。

游戏玩法：手上有个大木桶（将左手掌弯曲成桶状）；桶上有个盖，盖上有个孔（把右手平盖在“桶”上，食指和中指略分开，留个缝隙）；让我看看有什么（用眼睛看孔）；原来躲着毛毛虫（左手食指从右手食指与中指之间的“孔”中伸出，做蠕动状）。

兄弟姐妹来看戏

游戏目标：活动手指，并让幼儿学会认知五指。

游戏玩法：大拇哥（让宝宝两只手握拳，伸出拇指）；二拇弟（伸出食指）；三姐姐（伸出中指）；四兄弟（伸出无名指）；小妞妞（伸出小拇指）；来看戏（让宝宝双手掌心相对拍手3次）。

轱辘轱辘

游戏目标：锻炼幼儿手指的灵活性，愉悦幼儿情绪。能够促进言语能力的发展，让幼儿学会数数。

游戏玩法：这个游戏需要妈妈和宝宝一同进行。妈妈与宝宝面对面，边念儿歌边一起做操。轱辘轱辘一（“轱辘轱辘”时，双手握拳，在胸前作绕线状，“一”时，伸出右手食指）；轱辘轱辘二（“轱辘轱辘”时，双手握拳，在胸前作绕线状，“二”时，伸出右手食指和中指）；轱辘轱辘三（“轱辘轱辘”时，双手握拳，在胸前作绕线状，“三”时，伸出右手食、中、无名指）；轱辘轱辘四（“轱辘轱辘”时，双手握拳，在胸前作绕线状，“四”时，伸出右手食、中、无名、小指）；上上下下（双手在头上及身体下方各拍手两次）；前前后后（双手在身前、身后各拍手两次）；我和你来（“我”时，双手抚胸指自己，“你”时，双手伸出，手心向上，指尖指向对方）；做游戏（两个人双手相互击掌3次）。

手指睡觉

游戏目标：活动幼儿手指，促进精细动作的发展。

游戏玩法：老大睡着了（让宝宝两手手心向上，大拇指弯曲）；老二睡着了（弯曲食指）；大个子睡着了（弯曲中指）；你睡了（无名指弯曲）；我睡了（小指弯曲）；大家都睡了（将两拳向下翻转）。小不点醒了（将小指伸直）；老四醒了（无名指伸直）；大个子醒了（中指伸直）；你醒了（食指伸直）；我醒了（拇指伸直）；大家都醒了（双手相互击掌）。

指认物品游戏

识物，帮宝宝打开智力活动的门户

宝宝的眼睛犹如摄像机的镜头，耳朵犹如录音机，无论看到、听到什么，都会统统记录下来，“印刻”在脑海中，在恰当的时候，就会脱口而出。所以，爸爸妈妈应经常适时、适量地向宝宝传递一些信息，教他认识一些物品，这样宝宝就会有意无意地记录下来。

宝宝在4～6个月时，就已经进入了识物的预备期，这时的宝宝有了短暂的记忆力，看到喜欢的玩具会很兴奋，以致手舞足蹈。7～8个月的宝宝，能在爸爸妈妈的协助下认识少量的日常物品，尽管这时他们还不能用语言表达“这是什么”“那是什么”，但是他能用眼神、表情、手势、动作来表示。等到宝宝1岁左右，他已经能够认出自己的衣服、鞋子，可以记住一些熟悉的人或东西。当妈妈说一些常见物品时，宝宝能够指认出来。只是有些物品宝宝可能还不能够对上号，不过，爸爸妈妈如果多对宝宝说几遍，多让他认识一下，他就会逐渐记住的。

指认物品游戏，可以使宝宝认知周围的世界，了解身边的一些物品，有助于熟悉和适应生活。宝宝认识的物品越多，大脑里积累的“知识”也就越多，从而应用这些知识积累，改善自己的生活环境。当宝宝认识了热水瓶，就能知道热水是烫的，是不能乱摸的，同时也会知道热水是可以喝的，但要在不烫的时候。因为爸爸妈妈为了宝宝更准确地认识物品，自然会采取联想的方式，让宝宝加深印象和记忆。

教宝宝认识物品，可调动眼睛、耳朵、手脚等器官的参与，使宝宝的视觉能力、听觉能力、记忆力等得到很好的锻炼。同时，还可以培养宝宝认知和观察的能力，这是他们智力活动的门户、是学习的基础。可以说，教给宝宝认识物品，也是在帮助他打开智慧之门，使宝宝的认知能力得到提高、思维能力得到发展，即便是对肢体协调能力，也是十分有益的。宝宝可以走过去，动手摸一摸，用脚踢一踢，甚至拿一拿、抱一抱、提一提，这都可以促进宝宝的精细动作和大动作的发展。

认识身边的事物

游戏目标：让幼儿认识和记住一些身边常见的物品名称。

游戏玩法：教宝宝认识物品，可以从日常生活中经常接触的小东西入手。平时妈妈说得多，宝宝自然就认得多了。比如妈妈打开房间里的灯时，指着灯对宝宝说“灯、灯”，宝宝会对突然亮起来的灯感到很好奇，于是妈妈趁机把“灯”这个名字和关于灯的一些知识讲给宝宝听。每次开灯时，妈妈都向宝宝重复“灯”这个名字。用不了多久，当宝宝听到“灯”时，就会主动去看灯，并且知道天黑了要开灯，这样宝宝也就认识了“灯”。用同样的方法，妈妈还可以教宝宝认识桌子、门、窗户、电视机、冰箱等身边常见的事物。

看图识物

游戏目标：锻炼幼儿观察、记忆的能力，让幼儿认识物品，促进宝宝的思维发展。

游戏玩法：为宝宝准备一些色彩鲜艳的识图卡片。卡片上的图最好是单一的，如一张卡片上就画有一个苹果、一个橘子，或者一个皮球、一只小兔子等。教宝宝认图片上的东西时，最好再配上实物，你可以拿一个大苹果放在画有苹果的图片前，或拿皮球、毛绒玩具给宝宝看，这样便于宝宝把图卡上的东西和真实的物品对应起来。教宝宝识物应循序渐进地进行，刚开始时一次只让宝宝认识一图一物，持续两三天，等宝宝熟悉、记牢了，再学习认识新的物品。这样，宝宝就能逐渐认识很多物品了。

认读小游戏

游戏目标：培养幼儿的观察兴趣，建立物品与单词之间的联系。让幼儿初步感受文字，训练他简单的发音。

游戏玩法：将大幅的识字挂图，或者剪下的画报中适宜的图画张贴在家中的门、墙等地方。你可以抱着宝宝认读，或宝宝学步时自己沿墙站立指指认认。爸爸妈妈用手指着图上的各种物品，告诉宝宝它的名称："宝宝，这是汽车，看看是不是和我们家的汽车很像哦！""瞧，这还有架大飞机。"指着物品念给宝宝听，让宝宝也跟着一起念。宝宝不会念也没关系，至少能让宝宝认识一下物品。经过一段时期的训练，宝宝就会逐渐认识和说出图上的物品了。和宝宝玩认读游戏，可先从宝宝喜爱和熟悉的物品开始指认，逐步巩固后再增加新的认读内容。

找玩具

游戏目标：锻炼幼儿对物品的认知能力，让幼儿了解空间方位。

游戏玩法：准备宝宝熟悉的日常用品或玩具。爸爸妈妈和宝宝围坐在一起，面前放置一张小桌子，将这些物品分别放在桌上、桌下。妈妈说："宝宝看，桌子上面有什么？"边说边拿起桌上的一个物品给宝宝看：

“哦，是汽车，桌子上有汽车，那桌子下有什么呢？”妈妈又从桌子下面拿出一个皮球给宝宝看：“哦，原来是个皮球。”多给宝宝重复几遍。然后妈妈说出物品的名称，让宝宝去找，当宝宝找对了，及时亲亲宝宝，夸他“真棒”！还可以变换物品的位置，让宝宝多找几次，以加深宝宝对物品及方位的认识。

认识五官

游戏目标：促进幼儿听觉的发展，让幼儿认识五官。

游戏玩法：准备《在哪里》的音乐磁带一盒，玩具娃娃一个。妈妈和宝宝面对面坐着，放音乐《在哪里》。妈妈跟随音乐拍手，让宝宝也一起拍，当音乐唱到“鼻子鼻子在哪里”时，妈妈指着自己的鼻子，让宝宝模仿自己的动作，指他自己鼻子的部位。当唱到“耳朵耳朵在哪里”“嘴巴嘴巴在哪里”时，都让宝宝模仿并自己指认。当宝宝指认正确时，妈妈应给予表扬和鼓励，也可以让宝宝自由地去指认玩具娃娃的五官。

认识身体部位

游戏目标：让幼儿认识自己的身体，促进幼儿自我意识的发展。

游戏玩法：妈妈和宝宝面对面坐在地上或床上，妈妈伸出手，对宝宝摇一摇，说：“手，妈妈的手，宝宝，你的小手呢?”边说边握住宝宝的小手，也帮他摇一摇说：“这是宝宝的手。”然后和宝宝一起听指令做动作。当说“妈妈的手”时，宝宝把手缩回去，说“宝宝的手”时，妈妈把手缩回去。多次和宝宝做这个游戏，宝宝很容易就知道和记住了什么是“手”。妈妈可用同样的方法，教宝宝认识胳膊、腿、脚、肚子等其他身体部位。

碰一碰

游戏目标：帮助幼儿了解和认识自己的身体部位，愉悦幼儿情绪。

游戏玩法：妈妈和宝宝面对面坐着，对宝宝说："妈妈说碰哪儿，宝宝就碰哪儿"。"小手碰小手"，妈妈和宝宝都伸出手碰一碰；"小脚碰小脚"，妈妈和宝宝伸出脚碰一碰。刚开始做这个游戏时，妈妈可以主动找宝宝碰一下，如碰碰宝宝的头、宝宝的手、宝宝的胳膊等，待宝宝熟悉了这些身体器官后，就可以和宝宝同时进行了。

排列游戏

摆一摆，宝宝的小手更灵巧

在宝宝生活的第一年里，小手的灵活性、手眼的协调性及动手能力都有了很大的提高。他从头几个月里的无意识地抓握，发展到1岁时已经能很精确地用拇指和食指、中指捏起很细小的物品，如小豆子、衣扣，甚至大米粒，还能握住杯子、勺等餐饮具。

这一系列的发展过程都需要小手的协助才能更好地完成。宝宝动手能力发展的同时，也支配和促进了智力的发展，记忆力、想象力、创造力、思维能力的发展都是通过动手的过程得到提高的。因此，爸爸妈妈要注重对宝宝动手能力的培养，多动手，就等于多动脑。

随着协调程度的改善，1岁幼儿可以更深入地研究他所遇到的物品。他会将物品拣起，摇动、撞击，并从一只手转移到另一只手。如果给他两块积木，他还会把它们摆或垒在一起。这个阶段，幼儿的动手能力和手眼协调性正处于不断发展中，太过精细的动作，他们一时还难以达到，爸爸妈妈不妨多和宝宝玩一些摆一摆游戏，使幼儿在对物品的不断摆弄中发展动手能力，从而使他增长知识，学习到更多的知识技巧。

小椅子，摆一排

游戏目标：锻炼幼儿的动手能力及身体的协调性，开发幼儿的想象力，促进思维发展。

游戏玩法：准备几把小椅子、小板凳，妈妈对宝宝说："来，宝宝，咱们把小椅子摆一排，摆个大火车吧。"然后，教宝宝用小椅子摆一排，让宝宝坐在第一把椅子上，双手扶着椅子的靠背当火车司机，同时唱道："小板凳，摆一排。小朋友们坐上来。我当司机跑得快，呼隆隆，呼隆隆，呜——"

积木排火车

游戏目标：锻炼幼儿的手眼协调性，激发愉悦情绪。

游戏玩法：对于还不会往上垒积木的小宝宝，可以先让他学习给积木排队。因为垒积木需要宝宝有较好的手眼协调性，而将积木一字摆开则相对容易些。爸爸妈妈拿出一些积木，对宝宝说："咱们给积木排队吧！"然后，和宝宝一起将积木排成像小火车一样长长的一大串。再陪宝宝一起玩推火车的游戏，并配以"轰隆轰隆"的声音，宝宝的小火车开动了！

搭积木

游戏目标：促进幼儿手眼协调能力的发展，开发幼儿的想象力和思维能力。

游戏玩法：妈妈和宝宝坐在床上或地板上，将一些积木放在宝宝面前。妈妈先示范，将两块方积木并排放好，说："宝宝把两块积木摆好。"宝宝会模仿去做，然后妈妈再将一块积木放在另一块上，说："宝宝把积木搭起来。"当宝宝放好后，要鼓励宝宝："搭得真棒！"如果积木倒了，就要重新开始。待宝宝玩熟以后，可以引导他玩更复杂的积木游戏。

好吃的蔬菜塔

游戏目标：锻炼幼儿的手眼协调性，促进精细动作的发展，让幼儿感知色彩，并学会自己喂食。

游戏玩法：准备一些煮熟的各种蔬菜，如胡萝卜、菜花、土豆等，并将它们切成手指长度。妈妈和宝宝面对面坐在餐桌前，把准备好的蔬菜条按照种类摆在宝宝的面前，胡萝卜一堆、土豆一堆等。当然，妈妈自己也要准备一堆，来搭建自己的蔬菜塔。先给宝宝做示范，让他看看妈妈是怎么做的。先选个头最大的蔬菜条，把它们一条条平行摆好，摆成一个正方形做“地基”。然后用另一种蔬菜条，最好和第一种蔬菜有明显的颜色差异，在第一层上面再摆成一个方形。就这样一层一层摆上去，一个色泽鲜艳的蔬菜塔就建成了！当然，在搭建的过程中，如果宝宝把蔬菜放进嘴里，妈妈更是求之不得呢！

给瓶宝宝排队

游戏目标：锻炼幼儿动手的能力，学习认知高矮和色彩。

游戏玩法：准备几个大小不一、高矮不同的瓶子，把红、黄、蓝等颜色的纸贴在瓶身上，变成各种颜色的瓶子。妈妈对宝宝说：“瓶宝宝要去春游，咱们给它们排排队吧！”妈妈和宝宝一起将瓶子摆成一排。如果宝宝学会了认识高矮和色彩，妈妈可以让宝宝按照高矮顺序或按红、黄、蓝间隔来排。

找找看游戏

睁大眼睛找找看

刚刚出生的小婴儿，尽管视力很弱，但他已经具备了观察和分辨的能力。随着月龄的不断增长，幼儿的观察能力越来越强，他对这个陌生世界的认识，全靠两只眼睛。可以说，观察能力是幼儿认识世界、获取知识、发展智力必不可少的要素。

宝宝1岁时，他对物体的一些显著特征，已经有了较好的辨别能力。同时，他的观察力和记忆力也获得了进一步发展，并且开始注意到事物之间的因果关系。这时，爸爸妈妈可以经常有意识地和宝宝玩一些找找看游戏，如让他根据爸爸妈妈的指令，找出所对应的答案，或者寻找物体的明显不同点的游戏。这些游戏可以帮助宝宝积累丰富的表象，让宝宝在玩耍中提高观察和分析辨别的能力，并为思维和想象的发展打下良好的基础。

宝宝找找看

游戏目标：训练幼儿的观察能力和对物品的分辨能力，促进幼儿的思维发展。

游戏玩法：妈妈首先出示一张图片，让宝宝仔细看。然后可以提问一些有关图片的问题，如“图上都有什么”“图上最多的颜色是哪个”“你最喜欢哪个”。为了找出妈妈的答案，宝宝就会集中注意力仔细观察图片。当宝宝答对了时，妈妈一定不要忘记夸奖和鼓励宝宝，以激发他的自信心。一开始宝宝可能做不好，妈妈可以用手指着图片中具体的内容问宝宝，等宝宝渐渐熟悉后，可以不必指着图片问了。

家庭相册

游戏目标：锻炼幼儿的观察能力，促进其认知能力的发展。

游戏玩法：收集宝宝所熟悉的关于家人、朋友、宠物或其他物品的照片，把每张照片都分别贴在索引卡片上。在每张卡片的左上角打个孔，用线或结实的绳子将它们装订成一本相册。爸爸妈妈同宝宝坐在一起，给他讲述每一张照片的内容，让宝宝识别照片上的人或物。然后让宝宝找一找“妈妈在哪儿”“奶奶在哪儿”“小花狗棒棒在哪儿。”

宝宝修汽车

游戏目标：训练幼儿的观察力和关注力，促进幼儿对颜色的认知及思维能力的发展。

游戏玩法：准备几张卡车图片，并且将卡车分为车头、车厢两部分，每辆卡车的车头都有与它颜色相同的车厢。如红色的车头有红色的车厢、黄色的车头有黄色的车厢等，将这些车头和车厢混放在一起。妈妈对宝宝说：“看，这里有好多大卡车，可是，车头和车厢分开了，宝宝找找看，能帮助车头找到车厢吗？”然后，妈妈给宝宝做一个示范，把黄色的车头和黄色的车厢连在一起。这样，宝宝通过观察就会明白，要把颜色相同的车头和车厢连在一起。

看物指图

游戏目标：锻炼幼儿的观察、辨别能力，让他认识更多的物品。

游戏玩法：准备一些色彩鲜艳的图画书或图片，如动物、人物、日常用品等，指着图画告诉宝宝画的名称。然后将图片散放在宝宝面前，爸爸妈妈说出某张画片上物品的名称后，让宝宝找出来。宝宝找对后，爸爸应及时给予表扬。爸爸妈妈还可以经常把宝宝认识的图片混在其他图片当中，让他从一大堆图片中找出熟悉的那几张。一旦宝宝找出来，妈妈一定要亲亲他、抱抱他，这是对宝宝最好的鼓励哦！

有什么不一样

游戏目标：训练幼儿的观察力，促进大脑的开发，提升幼儿的智力水平。

游戏玩法：准备两张内容相似，但有明显不同点的图片。妈妈和宝宝一起看其中一张图片，让宝宝仔细观察“图片上有什么”“这是在哪里”“分别在做什么”。看完后，妈妈再和宝宝看另外一张图片，让宝宝找找看，这张图片和刚才的那张有什么不同？如第一张图中的小鸭子在水里戏水，第二张图中的小鸭在岸上。

分类游戏

1岁宝宝有了分类的欲望

在宝宝生活的第一年里，一个塑料彩球和一个毛绒玩具没什么差别，小狗和小猫，都只是小动物而已。但在1岁左右，幼儿开始能够分辨很多东西的不同了，他有了强烈的分类欲望。

这时的宝宝已经开始能够把“目的”和“东西”联系起来，如锅和锅盖、奶粉和奶瓶。他也初步形成了量和形状的意识，开始拥有空间感，知道“上”和“下”、“大”和“小”的意思，并且能区分物品的一些显著特征。此时爸爸妈妈如果经常和宝宝玩一些分类游戏，对于他们以后学会推理、辩论、形成数的概念具有非常重要的作用。因此，为了培养幼儿的思维能力，首先应该让他们学会正确分类，而教他们分类的最佳手段就是游戏。

分类游戏看似简单，但是如果没有基本的分类能力，宝宝就不能很好地认识和分辨世界上更加纷繁复杂的事物。只有掌握了对事物进行分类的能力，才能够把经验和知识分门别类地储存在大脑里，才能在此基础上进行更高级的思维活动。所以，对宝宝来讲，培养和发展分类能力是帮助他们认识世界，促进他们思维和智力发展的重要内容。

水果配对

游戏目标：让幼儿学会配对，促进其思维发展。

游戏玩法：准备几个香蕉和几个苹果。妈妈先给宝宝做示范，拿一个香蕉放在一个果盘里，再拿一个苹果放在另一个果盘里，然后对宝宝说："我们把香蕉宝宝和苹果宝宝分别送回家吧。"然后引导宝宝把桌上的香蕉放进装香蕉的果盘里，将苹果也放进盛放苹果的果盘中。宝宝能将物品配上对，要夸宝宝真棒，并请宝宝吃水果。

分类信息

游戏目标：训练幼儿学会分类，促进幼儿精细动作的发展。

游戏玩法：准备一个带格子的托盘，收集各种各样的小物件，如贝壳、橡胶球等，或者妈妈的大个儿发夹都可以。先教给宝宝怎样把一件物品放到托盘的每个格子里，当帮他装满格子，再倒空，再教他把同一类物品放到各自的格子里，如把所有的贝壳放在一起，而将橡胶球放在另一个格子里。这个游戏可以让宝宝玩上好几年，因为随着宝宝能力的提高，爸爸妈妈可以不断增加整理、搭配、分组的难度。玩这个游戏时，爸爸妈妈一定要做好宝宝的监护工作，最好不要用那些小到可以让宝宝吞下去的东西。

区别两种不同的物品

游戏目标：锻炼幼儿区分物品类别的能力。

游戏玩法：把积木、弹珠等两种不同类的物品混放在一起，然后让宝宝把同类的东西挑出来，剩下的就是另一类了。这也是教宝宝学会巧干的方法。

实物分类

游戏目标：锻炼幼儿的手眼协调性，促进精细动作的发展。让幼儿学会分类整理。

游戏玩法：妈妈可以把一些实物混在一起，比如花生、糖果、板栗等。先让宝宝认识一下每样东西。然后对宝宝说："你看，这些好吃的东西都混到一起了，咱们把它们整理好吧。宝宝，你能帮帮妈妈吗？"妈妈拿出3个盘子，并排放在一起，将花生、糖果、板栗分别各放在一个不同的盘子里，并对宝宝说："就照妈妈这样来摆。"然后，妈妈和宝宝一起将这些东西分门别类地摆放在一起。

分类游戏

游戏目标：训练幼儿分类的能力，促进幼儿对颜色、形状和大小的认知，发展其精细运动技能。

游戏玩法：准备各种不同形状和大小的东西，如糖果、袜子、书、毛巾、积木等。可以根据分类的物品不同，选择大小、形状或颜色作为分类标准。如在给袜子分类时，告诉宝宝，把爸爸妈妈的"大袜子"放在一堆，把宝宝的"小袜子"放在另一堆。或者把所有红色的袜子放在一堆，白色的袜子放在一堆。总之，可以任意制订分类标准，引导宝宝学会各种各样的分类方法。

爬行游戏

让宝宝爬行天下

7～8个月的宝宝开始热衷于爬行，学会了爬，他便有了更为广阔的活动空间。现在，他不用再依赖于爸爸妈妈的帮助，想去哪里，都可以自己说了算了。

爬行是宝宝发育的必经发展阶段，可是在现实生活中的许多宝宝，没有学会爬便学会了走路。这不是因为宝宝具有超前的能力，而是缘于爸爸妈妈怕孩子爬行弄脏了衣服，怕孩子到处乱爬危险，所以整天将宝宝抱在怀里或放在小车里，根本不给宝宝学爬的机会，剥夺了宝宝爬行的权利。

其实，在幼儿的成长过程中，爬行是功不可没的。在爬行时，不仅幼儿的胸腹、腰背、四肢等全身大肌肉得到了锻炼，还增强了肢体活动的协调性和灵活性，为以后的站立和行走打下坚实的基础。同时，爬行使宝宝主动移动自己的身体，加大接触面，扩大了宝宝认识世界的范围，促进了认知能力的发展，有利于思维和记忆的锻炼。因此，充分爬行是全方位的感觉统合训练，对于大脑各部位的发育及大小脑、神经系统之间的联系、回路网的建立是极其有利的。

爬行游戏是宝宝十分喜欢的一种游戏方式，他们通过前爬、倒爬、转弯爬、上下爬，练就了胆识，锻炼了观察判断能力，增强了肢体协调能力，也使自己在快乐的游戏中有了成就感。一般爬行游戏都需要爸爸妈妈的参与，并在无形中又增进了亲子关系。

让宝宝充分地爬行，既能强身健体，又可使宝宝大脑更聪明，这是任何其他运动所不能取代的。所以，一定不要让宝宝错过学爬的好时机。爸爸妈妈要鼓励宝宝学爬行，给宝宝创设爬行的环境，只要没有安全问题，就让宝宝随意去爬行吧。

钻山洞

游戏目标：锻炼幼儿的爬行能力，促进幼儿大脑的发育。

游戏玩法：拿一个装冰箱或洗衣机的大个空纸箱，将纸箱两头的盖和底剪掉，使纸箱成为一个方形的筒状。把纸箱横放在地板上，让宝宝在纸箱一头，然后妈妈到另一边，从纸箱里看宝宝，并鼓励他从“山洞”钻过去，爬到妈妈这边来。在改造纸箱时，爸爸妈妈要注意用胶条粘上纸箱的边缘，以免纸边划破宝宝细嫩的肌肤。

滚一滚，学爬行

游戏目标：发展幼儿的运动能力，促进幼儿脑部的发育。

游戏玩法：准备奶粉罐及纽扣、弹珠或乒乓球。在罐子或瓶子里装入会发出声音的小物品，如弹珠、纽扣、乒乓球等，妈妈拿着罐子在宝宝耳边摇晃，让声音引起宝宝的注意，然后把罐子放在地上，滚动的罐子会发出声音，吸引宝宝向前爬行。

爬山游戏

游戏目标：锻炼幼儿大动作的灵活性，提高身体的协调能力。

游戏玩法：妈妈躺在床上，让宝宝从一侧爬越妈妈身体到另一侧去。宝宝一边爬，妈妈一边为他呐喊助威："宝宝爬山喽！""宝宝好厉害！"然后妈妈侧躺，增加山的高度和爬的难度。再将卷紧的被子放在妈妈身体的一侧，约伸展一臂的距离，让宝宝在被卷和妈妈身体之间来回爬，上下爬。妈妈躺在一边保护宝宝，并给予宝宝及时的加油和鼓励。

独上高楼

游戏目标：锻炼幼儿向上攀爬的能力，促进身体的协调性发展。

游戏玩法：在适合宝宝爬行的阶梯上，铺上小毯子之类的柔软物。妈妈和宝宝一起坐在阶梯口，在第一个台阶上放一个玩具，吸引宝宝往上爬，然后去拿玩具。妈妈要在一旁适时地扶他一把。然后，把另一件玩具放在第二级台阶上，吸引宝宝向更高处爬。当宝宝抓住玩具时，在下一级阶梯上放另一个玩具让他去拿。以此引导宝宝逐渐向上攀爬。

钻拱桥

游戏目标：促进幼儿钻爬能力的提高，锻炼大动作的灵活性。

游戏玩法：妈妈双腿跪下，两手撑在地上，形成一个"拱桥"，让宝宝迅速地从"拱桥"下面钻爬过去。如果宝宝爬得不够快，妈妈可以就势将身体往下轻轻一压，让他意识到，如果慢了就会过不去，于是他就会快速爬行。

小狗追大狗

游戏目标：锻炼幼儿的爬行，使其接受环境刺激的机会增多，从而促进大脑发育。

游戏玩法：妈妈扮大狗，宝宝扮小狗。妈妈爬着追小狗宝宝，或者让小狗追大狗。妈妈可以假装爬得很慢，或者中途突然加速，或者“汪汪”叫，总之，可以用各种变化来增加游戏的气氛。当妈妈抓住宝宝，或者被宝宝抓住后，妈妈可以把宝宝抱起来，说：“宝宝爬得真快，妈妈好不容易才抓住呐！”“小狗汪汪真厉害，把大狗妈妈都抓住啦！”

火车钻隧道

游戏目标：锻炼幼儿的爬行能力，促进大动作发展。并且可以使幼儿情绪愉悦，增近亲子感情。

游戏玩法：爸爸或妈妈站着，双脚分开略宽于肩。让宝宝扮演小火车，从爸爸妈妈双腿间这个隧道爬过去。当宝宝爬过的时候，爸爸妈妈要发出火车开动的轰隆声和鸣笛声。玩过几次之后，可以告诉宝宝，火车要快点儿通过隧道，因为隧道要塌了。在宝宝爬过的时候，轻轻地并拢双腿，假装要去抓他，或弯曲膝盖，就像要坐到宝宝身上似的。这个游戏对于已经能熟练爬行的宝宝来说，是乐趣无穷的。

藏猫猫游戏

看不见，并不等于消失

在宝宝出生的最初几个月里，他认为世界仅仅由他所看见的物体构成，当妈妈离开房间时，他只会认为妈妈消失了，当妈妈回来时，对他来说妈妈是一个全新的人。这个时候的宝宝是“眼不见，心不想”。物体从他视野消失，就不再去追视寻找，似乎物体已不复存在。

4个月以后，幼儿才会顺着物体消失的地方目送消失了的物体，但他还不会去寻找。如果这时物体只是部分被隐藏了，幼儿则会去找出它。到了8个月时，他已开始能够去找完全被藏住的物体了，不过仍存在一个特殊局限。如果爸爸妈妈当着宝宝的面，将物体藏在一个盖子下面，宝宝成功地找出几次后，再当着他的面，以极其缓慢的速度将物体放于另一个盖子下面，只需稍停片刻再让幼儿去寻找，他仍会到第一个盖子下面去寻找，找不到也就放弃了。这种“刻舟求剑”的行为，到1岁左右将会发生改变。1岁的幼儿逐渐学会在最后看到物体消失的地方去寻找。

幼儿的客体概念不是先天的，而是需要通过后天经验获得的，多和宝宝玩藏猫猫游戏，可以帮助宝宝学习和理解客体物质永恒的原则。当妈妈用布蒙住自己的脸时，宝宝以为妈妈消失了，正在疑惑时，妈妈把布移开，宝宝看到妈妈重新出现时会很高兴。这使宝宝知道了要去寻找消失的东西。

“藏猫猫”是1岁宝宝百玩不厌的游戏，哪怕同一个动作重复一万次，他也兴趣不减。在躲藏与发现的过程中，宝宝不仅获得了游戏本身的神秘感所带来的快乐，更从中认识了环境、认识了自己、认识了他人。爸爸妈妈常与宝宝玩“藏猫猫”的游戏，能教宝宝认识到“事物的永存性”，也就是虽然看不到某些事物，但实际上它们仍然存在，并没有消失。这种游戏不仅可以增进宝宝的记忆力，促进其观察、思维、听觉能力的发展，在不断躲藏的过程中，还锻炼了宝宝快捷、机警、应变的能力。“藏猫猫”游戏可以伴随孩子不断地成长，难度也会不断加大，成为孩子从婴儿期到童年期最有趣的游戏之一。

妈妈哪去了

游戏目标：发展幼儿的视知觉，延长幼儿对某一个形象的注意力。

游戏玩法：妈妈面对着宝宝，让宝宝靠着被子和枕头躺着或坐着。妈妈先用双手捂住自己的脸，然后妈妈边说“妈妈哪去了”边伸开双手露出脸来。“哇呜，妈妈在这儿呢！”这突然的变化与惊喜，会让宝宝高兴得手舞足蹈。

掀起你的盖头来

游戏目标：激发幼儿的感知觉，发展宝宝的思维，促进其想象力的发展和培养其果敢的品质。

游戏玩法：妈妈和宝宝面对面坐着，把手帕或小毛巾蒙在宝宝的脸上，说：“咦？宝宝看不见了！妈妈哪去了？”面对突然的变化，宝宝可能会手脚乱舞，表现得十分紧张。这时，妈妈要轻声安慰宝宝：“啊，妈妈在这里呢！”同时鼓励宝宝：“宝宝，把手帕拿下来。”妈妈可拉着宝宝的手去抓手帕，反复训练，直到宝宝自己会把手帕从脸上抓下来为止。当宝宝重新看到妈妈时，宝宝会感到玩这个游戏的乐趣。

爸爸在这里

游戏目标：锻炼幼儿身体柔韧性，促进其对空间的理解，并且可以增强幼儿的反应能力。

游戏玩法：妈妈抱着宝宝，爸爸躲在妈妈身后，左右来回呼唤宝宝：“宝宝，爸爸在这里。”当宝宝找到爸爸后，爸爸高兴地说：“宝宝真棒，找到爸爸喽！”然后，爸爸走到妈妈的另一侧，重新呼唤宝宝，反复进行游戏。也可以让爸爸抱着宝宝，由妈妈和宝宝玩躲猫猫的游戏。

宝宝的小狗呢

游戏目标：促进幼儿对物体恒存性的认识。

游戏玩法：准备一个宝宝喜欢的玩具，各种大小的盒子和包。把宝宝喜欢的一个玩具放到一个小包里，然后装到一个小盒子里，随后再把这个小盒子放到大一些的盒子或包里，如此下去，最好多套上几层。然后把这个套叠的盒或包放到宝宝面前，如果藏起来的是宝宝的玩具小狗，就问他：“你的小狗哪儿去了？”在宝宝的注视下，打开第一层盒子或包，拿出里面那层，一边打开一边问宝宝：“你的小狗在这里面吗？”然后继续下去，直到在他面前打开最后一层，大声地说道：“宝宝的小狗在这儿呢！”宝宝一定会非常惊喜。

藏到哪儿去了

游戏目标：促进幼儿精细动作的发展，让幼儿理解物体的恒存性。

游戏玩法：在沙滩上或公园的沙坑里，也可以装一盆沙子在家和宝宝玩这个游戏。先给宝宝看一个色彩鲜艳的小玩具，比如一个橡胶球、塑料恐龙……任何显眼的东西都可以。当着宝宝的面，把它埋在一小堆沙子下面。妈妈故意问宝宝："小球哪儿去了？"然后把宝宝的小手放到那堆沙子上，帮他推开沙子，直到埋在沙中的玩具露出来。和宝宝玩过几次这样的游戏后，他便学会自己挖掘，不用妈妈帮忙了。渐渐地，爸爸妈妈就可以在宝宝看不见的情况下藏东西了。

藏猫猫

游戏目标：促进幼儿认识物体的恒存性，愉悦幼儿情绪，密切亲子感情。

游戏玩法：妈妈用一个大床单把自己蒙起来，然后对宝宝说："妈妈藏到哪儿去了？"听到宝宝爬或走到你身边时，把一只手从床单中伸出来，冲他挥挥手，鼓励宝宝来找你。当他找到妈妈的头后，妈妈可以突然出现："妈妈在这儿呢！"小家伙看到突然出现的妈妈，一定会高兴地咯咯大笑，也可以用床单把宝宝蒙起来，继续和他做这个游戏。

藏起来的小点心

游戏目标：让幼儿理解物体的恒存性，发展幼儿的精细动作，增强幼儿的记忆力。

游戏玩法：准备一条干净的毛巾，一块小点心和一些不透明的茶杯或小容器。给宝宝看一块小点心，然后当着宝宝的面，用小毛巾或餐巾将它盖起来，对宝宝说：“小点心怎么不见了？宝宝找找看。”鼓励宝宝自己掀起毛巾或餐巾。“小点心在这儿，宝宝找到了！”待宝宝熟悉后，你可以增加难度，把两块小点心放在宝宝面前，然后用茶杯分别将它们扣住，再在旁边放上一个或几个空的茶杯，下面什么东西都没有。将它们的位置打乱，让宝宝自己去拿掉茶杯，发现他的小点心。